弹性空间：
家居格局优化改造

理想·宅 编

Elastic space
Home Pattern Optimization

化学工业出版社
·北京·

编写人员名单：（排名不分先后）

丁晗	叶萍	黄肖	邓毅丰	郭芳艳	杨柳	李玲	董菲
赵利平	武宏达	王广洋	王力宇	梁越	刘向宇	肖韶兰	李幽
王勇	李小丽	王军	李子奇	于兆山	蔡志宏	刘彦萍	张志贵
刘杰	李四磊	孙银青	肖冠军	安平	马禾午	谢永亮	李广
李峰	周彦	赵莉娟	潘振伟	王效孟	赵芳节	王庶	孙淼
祝新云	王佳平	冯钒津	刘娟	赵迎春	吴明	徐慧	王兵
赵强	徐娇	王伟					

图书在版编目（CIP）数据

弹性空间：家居格局优化改造／理想·宅编．—
北京：化学工业出版社，2017.4
　　ISBN　978-7-122-29083-0

　　Ⅰ.①弹…Ⅱ.①理…Ⅲ.①住宅-室内装饰设计
Ⅳ.①TU241

中国版本图书馆CIP数据核字（2017）第029504号

责任编辑：王斌　邹宁　　　　　　　　　　装帧设计：王晓宇

出版发行：化学工业出版社(北京市东城区青年湖南街13号　邮政编码100011)
印　　装：北京方嘉彩色印刷有限责任公司
710mm×1000mm　1/16　印张10　字数200千字　2017年3月北京第1版第1次印刷

购书咨询：010-64518888（传真：010-64519686）　　售后服务：010-64518899
网　　址：http://www.cip.com.cn
凡购买本书，如有缺损质量问题，本社销售中心负责调换。

定　　价：49.00元

目 录

>> CONTENTS

第 2 章 隐性间隔：
于无形中对空间进行完美分区

 顶面隔断表现形式

第3章　拆除·重组：
用间隔塑造灵活家居空间

拆除！小房变大房实例破解

重组！少房变多房实例破解

第1章

灵活间隔的表现：

从柜子到拉帘，都可以当墙使用

推拉式隔断

★**适用空间分析：**小户型空间，不会占用过多面积

★**适用人群分析：**喜欢简洁设计的屋主；追求室内通透性的屋主

　　推拉式的分隔方式可以灵活地按照使用要求把大空间划分为小空间或再合并空间。推拉式隔断的设计形式一般为推拉门，最常见的材质为玻璃，被广泛应用于厨房、卫浴等空间的分隔，以增加空间的通透性。另外，玻璃＋板材、玻璃＋铝合金型材等材质也十分常见。

☞ 推拉式隔断单品推荐

※钢化玻璃单扇平开门　※钢化玻璃双扇平开门　　　※玻璃推拉门　　　　　※多扇折叠门

※钢化玻璃＋铝合金推拉门　※装饰玻璃＋实木推拉门　※木格栅多扇推拉门　　※板材推拉门
　（塑钢推拉门）

創意**分享**

1 **板材推拉门既实用又美观**

　　板材推拉门可以增加居室的温馨效果，形态也非常多样，既可以设计为镂空造型，也可以与其他材料相结合，还可以在板材上进行手绘，为居室带来装饰效果。

2 **布艺与木材相结合的推拉门提升空间温度**

　　在众多的装饰材料中，布艺和木材最能体现出温馨感，用它们做推拉门分隔，非常适合田园风格家居。一般用于阳台、客厅等空间的分隔，不适合卫浴等潮湿空间的分隔。

③ 钛镁铝合金推拉门适合经济型装修

钛镁铝合金推拉门价格适中、装饰性强，适合安装在卫浴、厨房等潮湿环境。北方地区以铝材厚、款式沉稳为主，如格条款式；南方地区以造型多样、款式活泼为主，如花玻款式。

④ 塑钢推拉门隔音、防风沙效果好

塑钢推拉门具有很好的密封性和隔热性，并且整体不易变形，比较适合用于北方地区的阳台。如果住宅的室外噪声较大，则最好选用配有中空玻璃或双玻的塑钢门。

5 玻璃推拉门既清爽又易于清洗

玻璃推拉门透光性好，对视线没有阻碍，还非常容易清洗，适合平时工作较忙的上班族。

6 玻璃＋其他装饰材料，
让推拉门更具风情

如果觉得推拉门的玻璃材质过于单调，可以搭配珠线帘、纱帘等材质。这种组合而成的推拉门可以将居室塑造得更具风情，花费也不多，是非常讨巧的设计方式。

7 **推拉式活动隔断墙既方便又节约空间**

推拉式活动隔断门采用的是吊顶推拉的方式，相对于采用传统地面轨道的推拉方式，更加方便和节省体力，也节省了一定的地面空间。

8 **折叠门的运用空间广**

折叠门一般为多扇折叠，比普通的推拉门占用空间更小，既适用于比较狭小的空间，如卫生间和储物间，也可以用来分隔较大的空间，适合喜欢开敞式空间的居住者。

⑨ 用推拉门分隔厨房与其他空间

厨房与其他空间最适合用玻璃滑门进行分隔，可以为居室增添时尚感与活力，令空间既相互连接又各自独立，而且其密闭性也很好。

⑩ 用玻璃推拉门实现"干湿分离"

采用淋浴房是卫浴间实现"干湿分离"最简单的方式，但是不适合安装浴缸，这时就可以采取玻璃推拉门来分隔，即把浴缸设置在里面，把坐便器和洗手池放置在外面。

镂空式隔断

★**适用空间分析：** 跃层楼梯、分隔客厅和餐厅（不适宜客厅与阳台分隔，以免阻挡空气与光线）

★**适用人群分析：** 追求空间格调的业主、中档或高档装修

镂空式隔断不会遮挡阳光，也不会阻隔空气的流通，还能提高装修档次，在颜色和花型的选择上也丰富多样，因此受到很多业主的青睐。镂空隔断的花式一定要与家居整体风格相协调，如冰裂纹花格适合中式家居、大马士革花格适合欧式家居等。

☞ 镂空式隔断单品推荐

※密度板雕花隔断　　　※实木栏栅式隔断　　　　　※金属隔断　　　　　※非常规材料隔断

※中式花纹镂空隔断　　　※欧式花纹镂空隔断　　　※线型镂空隔断　　　※镂空隔断门

创意**分享**

1 密度板雕花隔断是美化空间的好帮手

密度板雕花隔断可以增加空间的立体感，装饰效果极佳，而且施工工艺简单，节约装修费用。密度板雕花隔断墙的边材厚度不宜小于3.5厘米。

2 木制造型隔断为居室营造百变容颜

实木造型隔断也是镂空式隔断中的常见形态，例如实木栏栅式隔断，用实木塑造成梯子形态等。其丰富的造型不仅带来空间变化，温润的质感还可以营造温馨雅致的格调。

③ 金属镂空隔断让空间风格特征更显著

金属镂空隔断相对于木质和板材隔断更具现代感，可以为居室带来时尚气息。不仅适用于现代风格，也可以用于欧式和田园风格，常以隔断门和隔断窗的辅助形式出现。

④ 非常规材料打造新颖隔断形式

采用竹子、麻绳、钢丝等材料来设计隔断，不仅形式新颖，还可以塑造出与众不同的个性效果，彰显居住者的性格特征。

5

中式镂空花纹令居室更具韵味

镂空类造型如窗棂、花格等是中式家居的特色元素，常用的有回字纹、冰裂纹、祥云图案等。将这些元素运用到隔断设计中，不仅空间层次感好，还能为居室增添古典韵味。

6

欧式花纹隔断成就居室奢华格调

欧式花纹常见的有大马士革纹、卷草纹、佩兹利纹和法式的朱伊纹等，形态多变，样式雍容华贵，呈曲线形状的居多。将这些花纹运用到隔断设计中，能够很好地凸显空间风格特色。

7 线形镂空隔断让居室整洁、利落

采用几何图案或线条拼接而成的隔断让空间呈现出整洁、利落的效果。隔断不仅可以是直线，也可以为曲线或弧线，让空间呈现出更加灵活、多样的形态。

8 镂空式背景墙让居室更具视觉变化

镂空式背景墙既可以作为电视墙，也可以作为沙发墙的辅助装饰，能够为居室带来丰富的视觉变化。镂空式背景墙造价相对较低，应用性更为广泛。

9

镂空隔断门适合分隔面积较大的居室

镂空隔断门常见于中式风格家居中，多样化的镂空花纹可以烘托中式风格的韵味。这种隔断门比较适合空间面积较大的居室，才不会显得压抑和繁琐。

10

镂空式隔断与柜体结合，实用又美观

镂空式隔断还可以结合家具等软装布置来进行组合设计。例如，在玄关处将镂空隔断与柜体相结合，实现空间功能性的同时，还具有很好的装饰效果。

固定式隔断

★**适用空间分析：** 适合大户型或别墅家居

★**适用人群分析：** 对空间风格有独到见解的业主、喜欢空间设计感较强的业主

固定式分隔设计多以墙体形式出现，既有常见的承重墙、到顶的轻质隔墙，也有通透的玻璃隔墙、不到顶的隔板等。此外，像隔断式吧台、栏杆、罗马柱等，也属于固定式隔断的范畴，不仅起到隔断作用，也具备实用性和装饰功能。

☞ 固定式隔断单品推荐

※ 通顶式实体隔墙

※ 半隔断隔墙

※ 玻璃隔墙

※ 隔板墙

※ 隔断式吧台

※ 栏杆

※ 罗马柱

※ 弧形门

1 通顶式实体隔墙让空间更加独立

通顶式隔墙相对于其他隔断来说,对空间的分隔比较彻底,分隔出来的空间也更加独立。如果面积合适,这类隔断让居室有了回转余地,动线更加丰富。

2 半隔断墙体避免空间沉闷

如果居室中全部采用封闭的实体墙作为分隔,容易让空间显得局促,可以考虑采用半隔断的墙体进行区域分隔,能避免全封闭空间的沉闷感。

③ 半隔断墙 + 玻璃的形式稳定又通透

如果既想拥有稳定而独立的空间，又不想让空间显得过于压抑，可以运用半隔断墙加玻璃的形式。尤其适合用在有暗间的居室，通透的玻璃可以提升暗间的亮度。

④ 简单实用的电视背景墙隔而不断

设置一面隔而不断的电视背景墙，将客厅与其他区域进行分隔，简单又实用。材料可以选择大理石，或者用密度板做造型，也可以采用通透的玻璃，都具有很好的装饰效果。

⑤ **板材固定隔断价格实惠、稳定性强**

板材固定隔断具有实体分隔的优点,造价更加实惠。用作隔断的材质一般有多孔石膏板、碳化石灰板、混凝土板和水泥木丝板四种材料。墙板的厚度在 60 ~ 100 毫米。

⑥ **玻璃固定隔墙安装便捷、绿色环保**

玻璃固定隔断通常采用钢化玻璃,有单层、双层和艺术玻璃三种,规格一般有 5 毫米、6 毫米、8 毫米、10 毫米和 12 毫米可供选择,搭配铝型材、五金件、密封条一起施工安装。

7 栏杆式隔断适用于大气、宽敞的居室

在面积较为宽敞的空间中，可以考虑用栏杆作为空间隔断，既能分隔空间，又具有很好的装饰性。木质栏杆可以带来古朴温暖的效果，玻璃和铁艺栏杆则能体现现代时尚感。

8 隔断式吧台让居室充满现代时尚感

隔断式吧台用于分隔空间，达到隔而不断的整体效果，具有休闲功能；还可以通过吧台的造型变化起到装饰作用，比如，以圆弧收尾的吧台能够让空间变得更加柔和。

⑨ 罗马柱提升欧风居室的格调

罗马柱在欧式古典风格的家居中出现的频率较高，作为空间分隔，不仅具有功能性，其优美的造型还可以提升空间的美感，营造欧式风格的浪漫氛围。

⑩ 欧式弧形门营造浪漫氛围

在欧式风格的居室中采用弧形门作为空间隔断，不仅可以凸显欧式家居的风格特征，还能营造很好的浪漫氛围。根据空间大小可以选择单一门或者连续门。

软装式隔断

★**适用空间分析：**小户型家居、经济型装修

★**适用人群分析：**预算不足的业主、喜欢温馨氛围的业主

软装式隔断的常见材料一般包括珠线帘、布帘、地毯、家具和绿植等，相对于固定式隔断，具有灵活、易更换的优点，并且价格相对比较实惠。缺点是两个空间的独立性欠佳，私密性与隔音性也差一些。

☞ 软装式隔断单品推荐

※ 珠帘

※ 线帘

※ 布帘

※ 地毯

※ 沙发

※ 座椅

※ 屏风

※ 绿植

创意**分享**

① 珠帘隔断塑造居室百变容颜

珠帘具有易更换、经济实惠的优点，作为空间隔断既方便，又美观。色彩鲜艳的珠帘让居室显得活泼；质感厚重的深色调珠帘带来紧凑的空间感；淡雅素净的暖色珠帘则更加温馨。

② 线帘隔断营造唯美效果

线帘款式多样，轻柔曼妙，点缀于家居分隔之处，可以营造出浪漫、唯美的效果。线帘多用于轻隔间，如客餐厅之间、书房与卧室之间，起到隔而不断的作用。

3 **布帘隔断让居室表情更加灵动**

布帘隔断可拆洗、更换，环保实用，价格不贵，可以用于所有风格的家居中。如果用作卧室等私密性较强的空间时，最好选择棉布或丝绸等不透光的布料。

4 **纱帘隔断塑造飘逸、唯美的空间氛围**

相对于布帘隔断，纱帘隔断显得更加飘逸、唯美，非常适合新婚房、女孩房等具有浪漫氛围的场合，缺点是隔音效果一般。

⑤ 实用的浴帘兼具装饰作用

浴帘是卫浴中常用的软隔断，主要作用是为了防止淋浴时水花飞溅，以及起到遮挡作用。浴帘除了具有实用性，多样的色彩及纹理可以将卫浴间装点得更加俏丽。

⑥ 灵活多变的地毯可以美化空间

地毯作为隐形分隔可以常换常新，形式丰富，花色种类繁多，还能起到美化空间的作用。既可以在两个空间同时摆放地毯，也可以只用在一个空间。

7 ### 沙发是居室中灵活的软隔断

用沙发作为居室隔断，只需要在正常摆放家具的时候考虑到分隔作用即可。例如，将客厅中的沙发摆放成 L 形或 U 形，利用沙发的一侧作为客厅与餐厅之间的软隔断。

8 ### 座椅作为空间隔断，灵活多变

座椅作为空间软隔断，通常搭配"一"字形沙发出现，沙发的一侧靠墙，座椅作为客厅和其他空间的分隔。选用不同的座椅，可以带来不同的视觉效果。

⑨ ## 屏风隔断呈现艺术效果

屏风作为传统的家具，主要防止光和风直入室内，一般用于更衣、沐浴、睡眠等私密空间的遮挡。随着工艺的不断升级，屏风还能呈现出很好的艺术装饰性。

⑩ ## 阔叶植物打造清新自然的分隔形式

植物隔断不仅方便，而且具有自然气息。应选择阔叶植物，小叶爬蔓类植物不适合作为隔断，株型也不用太高，人坐在沙发上，挡住前方视线即可，避免局促。

柜体式隔断

★**适用空间分析：** 空间面积相对较大

★**适用人群分析：** 对空间储物需求较多的业主

柜体式分隔设计主要是运用各种形式的柜子来进行空间分隔。这种设计能够把空间分隔和物品贮存两种功能巧妙地结合起来，不仅节省空间面积，还增加了空间组合的灵活性。

☞ 柜体式隔断单品推荐

※ 身姿小巧的矮柜　　　※ 变体式矮柜　　　※ 大容量收纳柜　　　※ 书架

※ 博古架　　　※ 展示架　　　※ 搁板架柜体　　　※ 酒柜

创意**分享**

1 **小巧的矮柜分隔、收纳两不误**

　　矮柜造型多变，制作简单，既能存放物品，又可以在柜上摆放装饰品，功能很丰富。如果居室整体色彩丰富，柜子颜色可以灵活处理；如果整体素雅，柜子最好选用浅色调。

2 **矮柜与其他装饰相结合，美观又通透**

　　如果觉得采用单一的矮柜作为隔断，空间显得单调，可以在矮柜的上方悬挂珠帘、纱幔等装饰，不仅分隔了空间，也起到了美化的作用，同时保证了空间的通透性。

3 变体式矮柜令居室分隔独具个性

　　变体式矮柜既可以是一个不规则形状的装饰柜，也可以是空间格局中的一部分。这种形式上的变化，既起到了划分空间的作用，也让居室分隔独具个性。

4 弧形收纳柜为空间带来视觉变化

　　弧形收纳柜也是变体式柜体的一种，可以让方正的空间显得更为柔和、流畅，也更有趣味性。如果在弧形隔断附近摆放家具，最好选择造型类似的家具。

5 **功能强大的收纳柜为居室做有效分隔**

用收纳柜作为隔断，不仅节省空间，而且实用性强，一举多得。收纳柜的造型和色彩丰富多样，还可以对空间起到很好的装饰作用。

6 **利用书架做分隔，文化味十足**

书架取代隔断墙，不仅通透性好，还能起到展示作用，营造高雅的书香氛围，适合用在客厅与书房之间、卧室睡眠和休息区之间等处。书架的高度根据房间的采光情况确定。

7 **博古架做隔断，要与家具色彩相协调**

博古架用来陈列古玩珍宝，既能分隔空间，还具有高雅、古朴、新颖的格调，适合中式复古家居。博古架色彩要与家居中的其他家具相协调。

8 **展示架隔断打破固定空间格局**

展示架比博古架更具时尚感，适用于欧式风格和现代风格的家居，可以打破固定格局、区分同性质空间，使居室环境富于变化。

⑨ 搁板架 + 收纳小柜，功能一体化

上半部为层搁板，下半部设有小柜的隔断柜，显得轻巧别致，不会给空间带来压抑感，又具有分门别类的强大收纳功能。

⑩ 酒柜隔断大气又时尚

琳琅满目的酒瓶整齐地排列在酒柜隔断上，不仅具有收纳功能，也是对整体空间的装饰，大气又时尚。酒柜隔断通常作为客厅与餐厅间的分隔，适合面积较大的家居。

第2章

隐性间隔：
于无形中对空间进行完美分区

顶面隔断表现形式

★ **适用空间分析**：两个功能空间同属一个大空间，如客厅与餐厅、玄关与客厅等

隐性间隔在顶面设计的表现形式，最常见于客餐厅。当客餐厅同属一个空间时，可以利用不同的顶面设计来区分两个空间，例如两个空间的吊顶材料不同，或者用不同的色彩来区分，也可以将吊顶造型设计为不同的形式。

☞ 顶面隔断常见表现形式

※ 材质不同的顶面分隔　　　　　※ 造型不同的顶面分隔　　　　　※ 色彩不同的顶面分隔

※ 形成错层的顶面分隔　　　　　※ 利用光线做顶面隐性分隔　　　　　※ 不同软装做顶面隐性分隔

创意**分享**

1 **不同材质的顶面分隔，
强调居室的风格特征**

运用不同材质分隔客餐厅的顶面，可以丰富空间的视觉层次，体现不同的风格特征。本案中，客厅选用水泥，餐厅选用石膏板，两种材料的结合能很好地体现风格特征。

2 **不同造型的顶面分隔
更具创造性**

用顶面做两个空间的隐性分隔，还可以在造型上做区分。例如，将一个空间的顶面做成弧形、人字形等造型，另一个空间的顶面保持简洁的平面造型，视觉层次也更丰富。

3 用背景色与主角色做顶面
分隔

将相邻的两个空间顶面用不同
的色彩做区分，既简单又省预算。
顶面颜色最好与整体空间配色协调
一致，例如可以采用空间中的背景
色和主题色作为顶面色彩。

4 错层顶面隐性分隔层高不能过低

错层是利用顶面的高低差异来分隔不同的区域，可以让空间具有艺术性与层次感，但对层高
有要求，最好不低于 2.8 米，否则会让人觉得很压抑。

⑤ **用灯光做顶面分隔营造光影变幻效果**

除了在材质、造型和色彩上做相邻空间的顶面隐性分隔之外，还可以利用灯光做隔断。例如用不同的照明度和光源来分隔空间，可以形成不同光感的空间效果，极具美感。

⑥ **软装做顶面分隔极具装饰性**

利用软装做顶面的隐性分隔，也是不错的方式，最常见的就是采用不同的灯具，也可以将篮架上挂，既可以摆放物品，也是一种装饰。这种设计要求居室层高不宜过低。

墙面隔断表现形式

★ 适用空间分析：相邻空间没有实体墙分隔；大空间中需设计具有
辅助功能的小空间，如在卧室中设计休闲空间

隐性间隔在墙面设计的表现形式既可以用在客餐厅，也常见于一体式厨房、餐厅。这种设计手法非常容易实现，可以作为整体空间的设计形式出现。例如在设计之初，就考虑运用不同的材质、色彩、花纹等形式来区分相邻的区域空间。

☞ 墙面隔断常见表现形式

※ 运用不同材质分隔墙面　　　※ 运用不同色彩分隔墙面　　　※ 同一材质花型不同的墙面分隔

※ 两个空间墙面设计形式不同　　※ 两个空间墙面造型不同　　※ 两个空间软装表现形式不同

创意**分享**

1 **不同材质做墙面分隔，视觉对比强**

用不同材质做相邻空间的隐性分隔，可以营造出视觉对比效果，较为常见搭配有乳胶漆＋壁纸、乳胶漆＋瓷砖、乳胶漆＋板材等。本案中，开放式的厨餐厅采用壁砖，与客厅的板材形成对比，带来视觉冲击。

2 **不同墙面色彩划分界限明显**

通过墙面色彩区分空间区域，可以形成十分明晰的分隔界限。若喜欢前卫风格，可以采用对比色形成视觉冲击；若喜欢平稳的空间氛围，可采用同色系的不同明度来做区分。

③ **同一材质不同花纹的墙面分隔充满变化**

两个空间的墙面也可以选择同一材质、不同花纹来进行分隔，可以形成既统一又充满变化的视觉效果。壁纸和瓷砖比较容易实现这种效果。

④ **利用主题墙面的特殊设计来分隔空间**

同一平面的墙面可以通过不同的设计形式来区分功能空间。例如，一体式客餐厅中，客厅背景墙采用手绘形式，餐厅区域墙面涂刷乳胶漆，形式上的对比很容易就划分出不同的功能区域。

5 不同造型的墙面提升立体感

通过对相邻两个空间的墙面做不同的造型设计，起到划分空间的作用，还能提升空间立体感，例如对墙面做不同的凹凸造型。这种形式尤其适合于不规则的户型。

6 用不同的软装做墙面分隔最省钱

通过墙面软装来区分相邻空间，费用上最经济。最常见的是利用不同的装饰画进行区分，例如照片墙与单幅挂画的对比，或者组合装饰画与瓷盘的对比等。

地面隔断表现形式

★ **适用空间分析：** 户型面积有限的空间；层高较高的空间、利用错层地面分隔空间的同时，也可以化解户型缺陷

在空间三大面的隐性分隔中，地面的隐性分隔是最为常见的设计手法，这是由于不少家庭追求简约设计，往往不会在吊顶和墙面上大费周章。由于地面设计更注重实用性，因此在对地面设计时，非常适合将隐性分隔的概念运用其中。

👉 地面隔断常见表现形式

※ 同一材质花纹不同的地面分隔　　※ 同一材质色彩不同的地面分隔　　※ 同一材质铺贴方式不同的地面分隔

※ 不同材质的地面分隔　　　　　　※ 利用错层进行地面分隔　　　　　※ 利用地面分割线划分两个空间

创意**分享**

1

花纹不同的地面分隔装饰效果好

通过地面纹理的变化做隐形分隔，既节省费用，又能出效果。最常见的方式是采用同一材质、不同花纹来做区分，但相邻空间的图案、纹理反差不宜过大。

色彩不同的地面分隔要防止配色过于突兀

2

同一材质的不同色彩作为地面分隔，也是常见的设计形式。材质的色彩不宜反差过大，通常采用同一色系，不同的明度，既起到分隔作用，又不会让空间色彩显得过于突兀。

3 铺贴方式不同的地面分隔更具艺术效果

通过不同的铺贴形式作为地面区域划分，不仅简单实用，而且可以丰富地面的层次感，更具艺术效果。地砖是这种设计形式最常用的材料。

4 不同材质的地面分隔对比效果明显

通过不同材质观感上的差异区分不同的功能区域，是最常见和有效的地面隐形分隔设计形式，例如门厅用玻化砖，厨卫用釉面砖，客厅、卧室用地板，功能分区非常明显。

⑤ 错层地面分隔凸显空间层次

利用错层做地面隐性划分，不仅起到了分隔作用，又能凸显出空间的层次。相对较高的地面高度适宜控制在 10~20 厘米。

⑥ 地面分割线让分区更加明确

在不同空间的地面分界处用明显的线条进行装饰分隔，简单明了、分区明确，缺点是装饰性不够，适合极简主义的空间设计。

第 3 章

拆除 · 重组：

用间隔塑造灵活家居空间

拆除！小房变大房实例破解

有效拆除隔墙，少动工，也能令居室变通透

武汉桃弥设计工作室设计总监
李文彬

户型面积： 117 平方米

户型格局： 玄关、客厅、餐厅、厨房、主卧、儿童房、榻榻米、衣帽间、卫浴 ×2

主材列表： 玄关、客厅、榻榻米、餐厅：乳胶漆、仿古砖、马赛克

主卧、衣帽间、儿童房：乳胶漆、实木复合地板

厨房、主卫、客卫：仿古砖、釉面砖、花砖、生态板吊顶

★Before

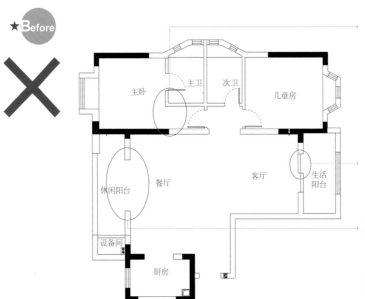

问题 1： 原有户型的主卧空间不大，入口处的狭长地带造成了空间浪费。

问题 2： 原生活阳台和客厅之间为推拉门，且拥有两段隔墙，使光线不能完全贯穿到全室，产生压抑感。

问题 3： 休闲阳台同样拥有隔墙，不仅影响光线，而且入口过大，影响餐厅的使用便捷性。

设计师解读屋主需求

1.居住者希望家居环境为希腊特色的度假风格，呈现出蓝白色的干净配色。

2.希望客厅可以拥有更多的光线，形成地中海居室的通透性。

3.希望扩大主卧面积，并加入衣帽间的设计，令日常换取衣物更加方便。

方法 1：改造后的主卧，将卫浴的一侧隔墙拆除；并且打通原餐厅隔墙，不仅扩大了空间面积，而且还多出一个衣帽间。

方法 2：将生活阳台的隔墙完全打通，并且将推拉门改成折叠门，令阳光可以更好地贯穿到客厅。

方法 3：原休闲阳台的隔墙适当拆除，设计为休闲花园，同时，整面窗户为餐厅提供了充足的光线。

设计师**说户型**

原始户型在格局上并没有太多问题，只需要根据业主的需求拆除部分隔墙，令居室显得更加通透即可。另外，加入一些具有辅助功能的空间，如衣帽间、榻榻米房等，可以令居住者的生活更加便利。

设计要点

◎**空间配色：** 干净的蓝白配是地中海风格中最经典的配色，加入适量的黄色系，如地面、卧室背景墙、橱柜等，可以令居室的色彩显得更为亮丽。

◎**软装搭配：** 居室中运用了一些风化过的家具，摸上去有被海风腐蚀的触感，与空间的整体格调搭配得恰到好处。家具材料上大量运用了木、藤，充分散发出自然气息。而布艺织物的运用也令居室散发出浓郁的温馨感。

蓝色 + 白色成就地中海风格的经典配色

客厅的背景色为白色，与蓝色为主角色的沙发，形成了地中海风格的经典配色。其间黄色、橙色、绿色等点缀色的运用，丰富了空间中的色彩层次。

折叠门分隔出开敞阳光客厅

　　将客厅原有的移门打掉，做成了折叠门，推开门是花园跟鱼池，晾晒区也在这里。电视旁边的壁炉不仅是装饰，也是家中猫咪的小窝。

地台式桌椅令餐厅的休闲气息更浓郁

餐厅的家具材质为木质和藤制，具有强烈的自然味道；而地台式座椅不仅令空间中的休闲气息更加浓郁，而且还具备一定的收纳功能。

多变的形状与穿透式设计，使空间具有趣味性

厨房的拱形门和餐厅背景墙上的开窗形成形状上的对比，使空间线条更加丰富。并且餐厅窗户连接榻榻米房，使空间层层穿透，具有趣味化特征。

西厨水吧令空间功能更加完备

　　在休闲阳台的一侧做了一小块橱柜当西厨的水吧，令空间功能更加完备；另一侧的吧台与榻榻米连接的窗，可以使视线直接穿透到客厅，完成空间的贯通性。

　　在具有休闲功能的阳台花园中做了一个秋千，十分具有童趣；在榻榻米房的一侧墙面依势设计了一个吧台，具有实用与美观的双重功能。

**休闲花园具有实用与美观的
双重功能**

蓝色与黄色搭配，使空间配色更加亮丽

厨房中的橱柜为黄色，墙面运用小体量的蓝色釉面砖铺贴，蓝色与黄色的对比，令整个空间都亮丽起来；同时，白色系的加入则避免了空间色彩过于激烈。

原始主卧的面积相对较小，所以干脆把卫浴全部打开，拉上纱帘，若隐若现的感觉别有一番情趣。而主卫中花砖的运用，则令整体空间的配色更加活跃。

纱帘分隔令空间氛围别有情趣

色彩丰富的抱枕令空间的趣味性十足

后分隔出来的榻榻米空间具有较强的休闲功能，可以在此喝茶、看书、发呆；大量色泽鲜艳的抱枕令整个空间显得趣味十足。

！ 拆除！小房变大房实例破解

全面打通功能区域，
令空间使用率最大化

武汉桃弥设计工作室设计总监
李文彬

户型面积： 92 平方米

户型格局： 客厅、一体式餐厨、主卧、儿童房、卫浴

主材列表： 玄关、客厅、楼梯：水泥地面、砖墙、马赛克瓷砖、乳胶漆、石膏板

餐厅、厨房：水泥地面、釉面花砖、人造板、砖墙

主卧、儿童房：实木复合地板、石膏板、人造板、乳胶漆、砖墙、釉面砖、细砂

卫浴：釉面砖、通体砖、桑拿板

★ Before

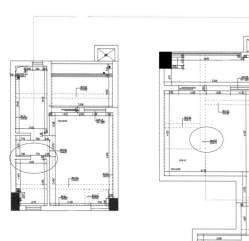

问题 1： 原有一楼的分隔墙过多，造成了较多的狭长空间，不利于规划使用；且使空间显得过于零碎。

问题 2： 原有户型中的二层空间拥有较大的阳台和方正的大开间，如果不合理规划，很容易造成空间使用率不足，最终造成空间浪费。

设计师**解读屋主需求**

1. 屋主希望居住的空间呈现出明亮、通透的视觉效果，因此在设计上选择了北欧风格。

2. 因为要想令空间显得干净通透，所以在硬装上舍弃了不必要的造型，并用通透的白色作为空间主色。

3. 希望为宝宝预留出成长的空间，并能够在设计中有辅助宝宝学习的元素体现。

方法 **1**：改造后将隔墙全部拆除，只保留卫浴间的一面隔墙，并将卫浴门改造成弧形，避免了尖角空间带来的锐利感。

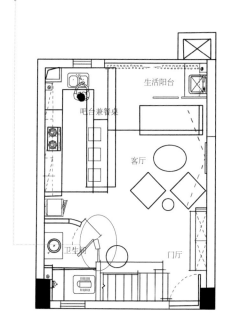

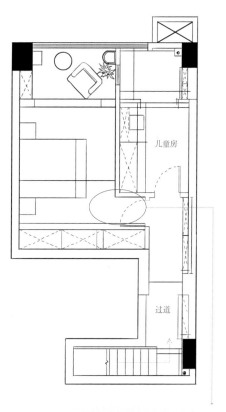

方法 **2**：二楼全部规划为休憩区，并将一个大开间运用轻体墙分隔为主卧和儿童房两个区域，充分合理地利用了空间。

设计师**说户型**

　　原始户型的一楼阳台占用了过多空间，令客厅显得又小又黑，在改造时，只保留了卫生间的隔墙，打通厨房、客厅、阳台三个空间的隔墙，令人从入户起就看到整个空间的全景，形成非常开阔的视野。二楼改造，同样拆除不必要隔墙，增加功能性隔墙，区分出主卧和儿童房，令空间使用率最大化。

设计要点

◎**空间配色**：采用了北欧风格最常用的白色调作为空间主色，来满足居住者追求开敞、明亮空间的诉求；同时运用带有斑驳纹理的花砖，以及纯度较高的收纳盒等来作为空间中的跳色，使家居中的色彩更具变化。

◎**软装搭配**：整体家居中的软装造型大多较为圆润，形成柔和的观感效果，也令空间氛围显得十分温馨。空间主色为白色，软装在色彩上的运用则较为灵活，形成色彩跳跃。

围合沙发区增进家人间的交流与互动

沙发区设计成对坐形式，增进了家人之间的交流与互动；由于沙发的体量不大，还可以根据使用需求随时变化，灵活性较高。

　　沙发背后原本是一个小阳台，现在改造成晾晒区。同时，为了整体空间的美观，没有装一般的升降衣架，而是在顶部定制了黑色铁管，既是装饰，又可以作为晾衣杆使用。

定制黑色铁管既是装饰，又很实用

　　一楼空间的地面全部采用水泥地，自然斑驳的纹路增强了空间的复古感，呈现出瓷砖及地板完全不可替代的新奇效果。楼梯侧面为定制马赛克拼图，形成十分有趣的视觉效果。

水泥地面＋马赛克拼图，为空间增添新奇感与趣味性

弧形门替代直角墙面，避免尖锐空间的出现

原始户型中的卫浴门开在靠近厨房的一侧，直角墙面产生的尖锐感与压迫感容易令人不适。改造时，将其打掉做成弧门，空间显得舒适、圆润的同时，也并没有缩小太多卫浴面积。

细节设计为居住者提供舒适的居住环境

　　全开敞式的厨餐厅，用吧台取代了传统餐桌，展现出业主随性而为的生活态度。靠近卫浴一侧的楼梯下方做了收纳柜，摆放上色彩鲜艳的收纳盒，与厨房墙面花砖形成色彩上的互融。

黑白两色搭配，形成对比性空间配色

　　卫浴色彩与整体家居配色相吻合，依然呈现出整洁、干净的面貌。同时，主角色以及点缀色都用了黑色，令空间配色有了对比。

竖条纹元素增加了空间的纵深感与延展性

竖条纹的实木复合地板与木贴面背景墙增加了空间的纵深感与延展性。过道的左侧墙面设计成整面墙的嵌入式大衣柜，使空间的收纳功能增强。

木质感床头背景墙增添了空间调性

砖砌门洞加强空间的造型感

主卧中的木质感床头背景墙带有浓郁的清新与自然的味道，增加了空间的谐调性；同时将原有主卧与阳台的移门拆除，令自然光线可以很好地穿透全室。

主卧阳台被打通，用砖墙砌成门洞的形式，加强了空间的造型感，也为卧室增添一处休闲区域，同时丰富了空间景观。

结合梳妆台设计洗面盆，解决了空间用水不便

阳台区域规划为休闲区与梳妆区，并在梳妆台的一侧设计一个洗面盆，避免空间中只有一个卫浴带来的用水不便。

拆除！**小房变大房实例破解**

合理拆除轻体墙，
打造实用又规整的空间格局

耀昀创意设计有限公司创始人 / 设计总监
蔡昀璋

户型面积： 120 平方米

户型格局： 玄关、客厅、餐厅、厨房、主卧、儿童房、书房、卫浴 × 2

主材列表： 玄关、客厅、餐厅：海岛型木地板、造型线板、银狐大理石、乳胶漆

主卧、儿童房、书房：海岛型木地板、乳胶漆、石膏板、装饰线板

厨房、主卫、客卫：釉面砖、抛光砖、集成吊顶

★Before

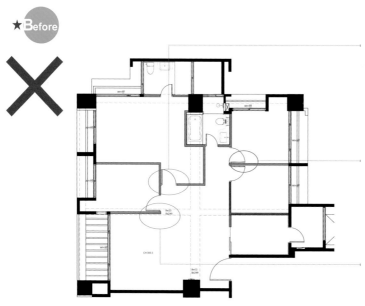

问题 1： 原有主卧为不规则格局，导致空间利用率较低；过多的隔墙，给人带来视觉上的压抑感。

问题 2： 原有户型虽然房间较多，但面积都不大，使用起来十分局促，并没有给居住者带来良好的居住体验。

问题 3： 客厅与书房之间的隔墙为实体墙，造成了客厅与书房的空间感受均十分逼仄。

设计师解读屋主需求

1. 长期处于高压力工作环境的夫妻两人，渴望有一个清爽、明亮的居住环境。

2. 希望给双胞胎女儿提供一个宽敞的小天地。

3. 希望拥有一个半开放式书房，令屋主阅读之余也能与家人情感联络不间断。

方法**1**：将原有房间中的一面隔墙拆除，改变入口方向，并将一侧墙面补平，制作收纳柜，既增加了储物功能，又令格局变得方正；同时，还打造出一个面积充裕的用餐空间。

方法**2**：把原本两个狭小空间之间的隔墙拆除，形成一个面积充裕的空间来作为儿童房，令孩子既有休憩空间，又有娱乐空间。

方法**3**：为了让屋主一家人既能共享书香，也不会造成公共空间的局促，故拆除书房与客厅间的隔间，改成半矮墙搭配木百叶，不仅让视野可延伸，达到放大空间的效果，也不会阻隔家人间的情感交流。

设计师锐户型

对于居住者来说，并非是拥有的居住空间越多，使用起来越舒适。如本案原始户型的使用空间较多，但大多空间存在使用面积不大的缺陷。由于家庭成员简单，因此在设计时，将一些空间进行合并，改造出宽敞、明亮的居住环境。

设计要点

◎**空间配色：**在色彩运用上，由于居住者喜好清爽、明亮的家居风格，设计师以白色为基调，搭配公共空间的藕灰色、女儿房的粉红色与主卧房的灰蓝色，共同谱写出家的动人乐章。

◎**软装搭配：**整体家居的配色较为简洁，因此可以从软装入手来改变空间氛围。例如，在沙发上摆放不同颜色及花纹的抱枕，增添空间的层次与趣味性。另外，家具大多选择圆润造型，既精致，又有效规避了尖角家具对家中儿童带来的安全隐患。

运用柜体塑造空间线条

为消除原本格局的梁柱问题，以柜体从玄关延伸到客厅，还原空间利落无瑕的空间感。柜体也以展示结合隐藏的设计手法，满足居住者的收纳需求。

设计师运用线板作为整体空间设计主轴，搭配灯光、石材和家具，使空间的风格主题完整，增加视觉层次感，也多了一分趣味性。

线板带出整体空间设计主轴

由于客厅原本格局过于狭小，因此拆除书房与客厅间的隔间墙，采用半开放，搭配木百叶窗的方式设计，不仅顾及到隐私性，也能让公共空间更舒适。

拆除实墙换得视觉的奔放感

将主卧的门改变开启方向，原有门的一侧墙面砌平，挂上大幅装饰画，塑造出视觉焦点。改造后的格局避免了空间浪费，令开放式的餐厅拥有了充裕的用餐空间及摆放餐边柜的位置。

更改门的开启方向，成就开放式用餐空间

主卧没有做背景墙，而是打造了整面墙的收纳柜，既有储物功能，特有的线条还极具装饰性。此外，卧室中的家具不多，但造型精巧的床头柜就足以显现出空间的高品质。

精致家具与功能家具互融，打造高品质的实用主卧

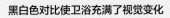
黑白色对比使卫浴充满了视觉变化

黑白相间的卫浴一改整体空间清雅的主调，强烈的色彩对比极具视觉冲击力。同时，玻璃隔断、带有光泽度的釉面砖以及烤漆浴柜，都与整体空间追求高亮度的需要相吻合。

原本两间的次卧面积过小，因此在设计时拆除隔间，将两房合并成一个大房，让一对宝贝女儿既能享有生活质感，也为姊妹的情感加温。

二房合并成一大房，为情感加温

！拆除！ 小房变大房实例破解

拆除造成逼仄空间的隔墙，全效利用空间面积

耀昀创意设计有限公司创始人 / 设计总监
蔡昀璋

户型面积： 138 平方米

户型格局： 客厅、一体式餐厨、主卧、次卧、多功能室、衣帽间、主卫、客卫

主材列表： 玄关、客厅：强化复合地板、乳胶漆、石膏板、硅藻泥

餐厅、厨房：釉面砖、石膏板、乳胶漆、榉木饰面板

主卧、次卧、衣帽间、书房：强化复合地板、榉木饰面板、乳胶漆

主卫、客卫：釉面砖、仿古砖、钢化玻璃、集成吊顶

★ Before

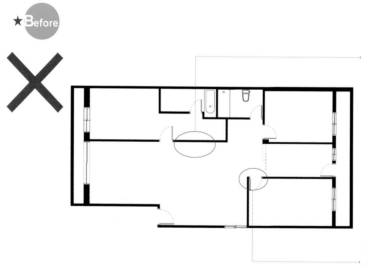

问题 1： 原有户型主卧入口与主卫之间有一处狭长地带，不好利用，浪费了空间的使用面积。

问题 3： 两面隔墙围合成的空间面积有限，并且给相邻空间造成了压迫感，使整体空间显得不够敞亮。

设计师解读屋主需求

1. 屋主渴望加大储物功能，同时希望拥有分层较多的大衣柜，方便日常衣物的拿取。

2. 希望拥有一体化的餐厨，节省上菜时间，也便于日常打扫。

3. 不喜欢原有户型中过多的隔墙，希望提高空间的明亮度，形成开敞空间。

方法 1： 改造时将隔墙拆除，制作了一个嵌入式衣帽间，合理利用空间的同时，大面积的储物柜也增加了空间的收纳功能。

方法 2： 拆除原有空间的两面隔墙，不仅形成了一个开放式厨餐厅；同时，令现有客厅的面积变大，形成了更为规整、实用的空间格局。

设计师说户型

原有户型中的房间数量较多，但使用率却不高，尤其是主卧空间中的狭长地带，造成了很大的空间浪费。另外，由于屋主对烹饪的需求较多，希望拥有一个明亮、宽敞的厨房，而原有户型中的厨房面积狭小，因此专虑拆除临近空间的隔墙，打造一体式餐厨。

设计要点

◎**空间配色**：浅木色为主色的空间，提升了家居中的温暖氛围。吊顶和墙面基本均为白色调，与浅木色搭配得十分和谐。同时，利用高明度的绿植、插花和装饰画来做点缀，活跃了空间配色。

◎**软装搭配**：居室中的装饰物不多，但都小巧、精致，提升了空间品质。尤其是小绿植的运用，为空间注入了无限生机。家具基本为实木与皮革材质，与整体空间的配色同样具有温暖度。

折叠门有效分隔相邻空间，又不影响采光

玄关右侧空间被打造成一个多功能室，宽敞的空间可以作为健身房、家中孩子的玩乐场所等，如果摆上座椅，还可以成为书房。多功能室与玄关之间运用钢化玻璃与人造板结合而成的折叠门进行分隔，具有较强的通透性，也丝毫不会影响玄关的采光。

硅藻泥电视墙具有环保性，同时特殊的纹理极具艺术效果；电视柜与两侧的大衣柜相连，具有强大收纳功能，同时令空间的整体性更强，形成整洁的室内氛围。

一体式电视收纳柜形成整洁的空间氛围

简洁的客厅沙发区不仅没有摆放茶几、铺设地毯；而且沙发、边几均选用了极简造型，整体空间显得干净而整洁，同时也易于平时的打扫。

极简沙发区易于日常清洁

通透、开敞的一体式餐厨兼具美观性与实用性

整体性较强的一体式餐厨，丝毫不会浪费家中的空间，同时也形成了通透、开敞的格局；另外，餐桌区既可以作为平时的用餐场所，也可以作为临时的工作台，实用功能强大。

利用墙体制作 C 形整体橱柜，形成较大的厨房储物空间，同时预留出冰箱的摆放位置，形成良好的厨房动线；灶台上部空间丝毫没有浪费，设计了挂钩，将平时常用的厨房小物悬挂在此，好用又整洁。

整洁而具有强大收纳功能的厨房空间

小体量家具令卧室功能具有可变性

　　主卧家具延续客厅的简洁风格，体量较小，不会占用过多空间；同时，在角落处摆放单人沙发，为空间增加休闲功能。

　　利用主卧原有的狭长地带设计出一个嵌入式衣帽间，合理利用了空间，也令家中的衣物有了特定的存放之处，既方便归类，又便于拿取，为生活提供了极大的便利。

嵌入式衣帽间为日常生活提供极大便利性

大块与小块釉面砖结合使用，丰富空间层次

主卫运用仿古色的釉面砖进行墙面与地面铺贴，形成较为沉稳的空间氛围；为了避免空间过于单调，在墙面运用大块釉面砖，地面运用小面积釉面砖，形成了视觉上的对比，丰富了空间层次。

次卧面积不大，运用干净的色调可以起到在视觉上扩展空间的作用；同时，家具的选用十分简洁，符合小面积空间的诉求，不会使空间显得拥挤。

运用干净色彩与简洁造型的家具规避小卧室的拥挤感

　　将多功能室的一侧墙面打造成嵌入式柜体，充分利用了壁面空间；不做全封闭处理的柜体，制作出一些分格，既可以摆放工艺品，也不会令空间显得沉闷。

带有分格的收纳柜避免了空间的沉闷感

　　客卫在色彩上较之主卫更加明亮，洗漱区、如厕区、沐浴区的分区合理，使用便捷；同时，利用钢化玻璃对如厕区与沐浴区进行干湿分离，不会影响整体空间的通透性。

分区合理的客卫既整洁，又方便使用

拆除！小房变大房实例破解

大胆拆除隔墙，规避畸形空间，重塑规整居室

舍子美学设计有限公司设计总监
詹秉萦

户型面积： 165 平方米

户型格局： 玄关、客厅、餐厅、厨房、主卧、次卧、客卧、衣帽间、卫浴 ×3

主材列表： 玄关、客厅、餐厅：石膏板、强化复合地板、木纹饰面板、大理石

主卧、次卧、客卧、衣帽间：石膏板、强化复合地板、壁纸、软包、玻璃、乳胶漆、板岩

厨房、卫浴：大理石、强化复合地板、釉面砖、集成吊顶

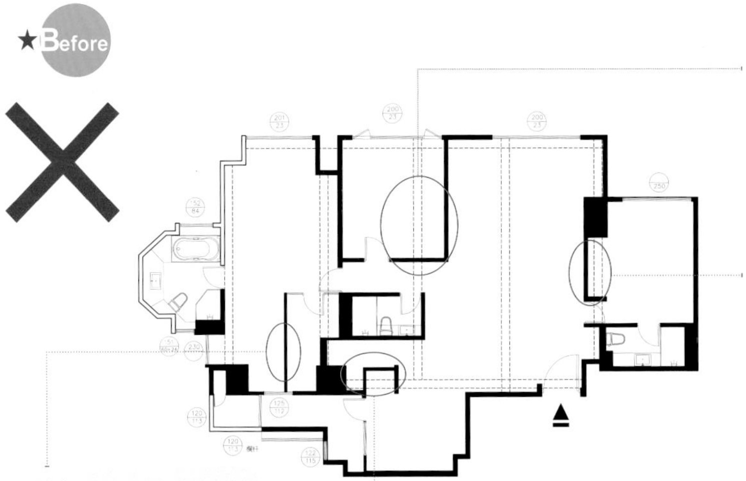

问题 1： 客卧的面积较大，远远超出屋主的实际需求。

问题 2： 次卧隔墙过多，占用了客厅空间，且拐角型的入口使用起来并不方便。

问题 3： 原始主卧中的隔墙过多，造成不规整空间，使卧室的使用率大大降低。

问题 4： 过多隔墙分隔出的空间，设计起来非常困难，狭长地带无法合理利用。

设计师解读屋主需求

1. 屋主并不在此常住，希望可以设计得像酒店一样便捷，具有放松的氛围。
2. 希望整体空间的配色较为沉稳，体现出商务人士的理性思维。
3. 希望打破原有空间格局，将其重新规划，减少畸形空间及不规整空间。

方法 1：把客卧一侧墙面内缩，和客卫的一侧墙面保持平行，使客厅面积更为规整。

方法 2：将次卧墙面内缩，和实体墙保持同一水平度，给客厅预留了充分的设计空间。

方法 3：彻底打破原有畸形空间的格局，将其纳入客卫的设计中，使客卫更规整的同时，也增加了淋浴区。

方法 4：打掉原有多余隔墙，令主卧空间显得通透；规整的空间也更便于规划、设计。

设计师说户型

原始户型的面积虽然较大，但由于隔墙太多，造成了很多的畸形空间以及不规整空间，不仅限制了设计，也造成很多空间的严重浪费。改造时，大胆拆除隔墙，重新对格局进行划分，使整个户型拥有了规整的客厅、主卧等空间。

设计要点

◎**空间配色：**空间的整体配色较为沉稳，大量运用了暗浊色系，如深灰色、暗青色、绛紫色、棕褐色等，这些颜色的组合可以打造出一个充满理性的家居空间。其中的绛紫色属于跳色设计，避免了整体空间的配色显得过于沉闷。

◎**软装搭配：**由于业主要塑造一个理性空间，因此家具皆为横平竖直的造型，给人以整洁、利落之感。另外，灯具大多为金属材质的灯罩，在材料上也吻合了男性思维。

圆弧栏栅避免空间的生硬与呆板

玄关与客厅之间的分隔为木栏栅，增强了空间的整体质感；圆弧造型的设计为横平竖直的空间带来视觉上的变化，避免了空间的生硬与呆板。

　　绛紫色的沙发是整个空间中的跳色，令原本色调暗沉的居室有了活力；而绛紫色本身的明度并不高，因此不会在整体空间中显得突兀。

绛紫色沙发令暗沉调性的客厅有了活力

沙发分区简洁、明晰，符合空间理性诉求

　　利用沙发作为客厅与多功能厅之间的分隔，分区明晰、简洁，丝毫没有累赘的设计手法，符合整体空间追求理性的诉求。

餐厅与厨房相连，且用推拉门进行分隔，依然为简洁的设计手笔。白色系的餐桌椅在整体暗色系的空间中，显得干净而利落。

餐厅配色及家具皆采用简洁的设计手法

将主卧进行分割，一部分为休憩区，一部分为小型视听区。这样的设计与酒店套间的思路相符，也与居住者的需求相吻合。

主卧分区设计与酒店套间思路吻合

细节设计满足居住者多样化需求

主卧整体配色依然延续了主空间沉稳的基调；在临近阳台的位置摆放书桌，满足居住者休憩临时处理文件的需求。

主卫墙面材料为咖网纹大理石，符合男性的阳刚气质；同时与整体卫浴硬朗的线条搭配和谐。

咖网纹大理石体现出男性的阳刚

次卧同样设计了书桌，令男主人在家居中的任何空间都有办公之处。此外，次卧也可以作为男主人的书房使用。

兼具书房功能的次卧，实用功能更强大

次卫配色追求理性而干净的格调

次卫的色彩相较于主卫显得明亮许多，浅灰色墙面搭配深灰色地面与木色洗浴柜，整体空间的配色理性而干净。

擅用条纹令空间中的线条充满变化性

客卧的一面墙设计为整面的大衣柜，增加了居室中的储物功能。不规则竖条纹的柜面设计令空间中的线条充满了变化性。

客卧与次卧的设计手法十分类似，符合业主追求酒店风的诉求；板岩墙面极具质感，也体现出空间的刚性特征。

板岩墙面体现出空间的刚性特征

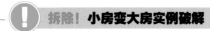

拆除！**小房变大房实例破解**

拆隔墙，重新规划空间，
营造宜居好宅

赵玲室内设计有限公司创始人/设计总监
吕学宇

户型面积： 148 平方米

户型格局： 玄关、客厅、餐厅、厨房、主卧、次卧、客卧、书房、卫浴×2、衣帽间

主材列表： 玄关、客厅、餐厅、衣帽间：乳胶漆、釉面砖、实木皮板、大理石、石膏板、强化复合地板

主卧、次卧、客卧、书房：实木复合地板、实木皮板、石膏板、乳胶漆

厨房、主卫、客卫：釉面砖、抛光砖、集成吊顶

★**Before** ✕

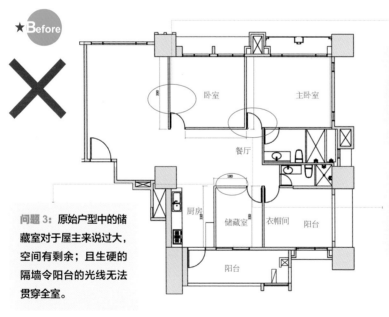

问题 1： 原始户型中的客厅与次卧之间为轻体墙分隔，影响了整体居室的通透感；同时，客厅面积也显得较小。

问题 2： 原始户型中的主卧面积有限，无法设置收纳功能强大的衣柜，满足不了居住者想要便捷拿取衣物的诉求。

问题 3： 原始户型中的储藏室对于屋主来说过大，空间有剩余；且生硬的隔墙令阳台的光线无法贯穿全室。

设计师解读屋主需求

1. 屋主希望拥有一个明亮的大客厅，使日常生活中的会客功能增强。
2. 希望在主卧室中设置大衣柜，方便日常衣物的拿取。
3. 想要增加书房的功能，方便男主人在此工作、阅读。

方法 1： 拆除原有隔墙，扩大客厅面积的同时，将原来的次卧改成书房，满足屋主需求，也令空间更显通透。

方法 2： 拆除原有主卧与次卧间的隔墙，借用原次卧的空间来增补主卧，使主卧拥有了独立的储物空间。

方法 3： 将原有的储藏室调整为客房，打掉影响居室采光的隔墙，用推拉门作为与餐厅的分隔，既节省空间，打开拉门又令阳台光线共享。

设计师说户型

原始户型的隔间很多，但在空间面积的分配上与屋主的居住诉求有较大差异，且由于隔墙过多，使整体空间的光线不能在室内形成贯通。改造时，客厅、书房、餐厅三个主要空间没有设置任何全封闭隔墙，增加了空间开敞感。

设计要点

◎**空间配色**：整体空间的配色淡雅，大量运用白色、木色和灰色系进行搭配，令整体空间的稳定感更强。间或加入绿色系的盆栽、座椅及装饰画来作为空间跳色，为居室注入了生机。

◎**软装搭配**：空间中出现频率最高的软装为小体量的绿植，既体现出居住者对植物的喜爱，又增添了空间的生机。此外，空间中的灯具造型也亮人眼目，无论是客厅中的球形灯，餐厅中的吊扇灯和铁艺造型射灯，以及卧室中的树脂造型灯，都是家居中很好的装饰物。

擅用不同类型的线条引导空间视线

客厅吊顶的线条、电视墙的横纹以及饰面板的斜纹，三种不同方向的线条为原本单调的空间带来新的视线方向，丰富了空间的视觉层次。

半隔断墙令临近空间更显通透

沙发背景墙与书房之间运用半隔断墙进行分隔，令空间显得更加通透。隔墙上摆放的小绿植与茶几上的多肉拼盘形成呼应，更添居室的绿意生机。

斜纹实木推拉门成为客厅墙面的独特装饰

精致家具与功能家具互融，打造高品质的实用书房

　　将客厅的一侧墙面设计成隐藏式衣帽间，合理的柜体式分隔，可以将居住者的物品进行分门别类的存放；而平日拉上斜纹实木推拉门，就成为客厅墙面独特的装饰。

　　书房的设计手法十分简洁，但使用功能却很强大，是平日男主人工作、阅读之处；开放式的收纳柜除了实用功能，还极具装饰性；而阳台榻榻米则令空间中多了一处休闲区域。

餐厅与厨房、次卧、客卧之间均用推拉门进行分隔，统一的设计手法使空间看起来更加素净；另外，由于餐厅没有独立采光，打开拉门则能令其他空间的光线共享到餐厅。

二房合并成一大房，为情感加温

餐厅的另一侧为书房和主卧，同样利用了书房中的光线来提高空间的明亮度；而餐桌上的绿植造型极具艺术感，令整体家居的格调大大提升。

具有艺术感的绿植造型可以提升空间格调

灰色系的运用有稳定空间的作用

将推拉门的理念贯穿全室，体现设计的整体性

主卧整面的落地窗为居室带来良好的光线，灰色的窗帘与卧室背景墙的布艺搁板装饰在色彩上形成呼应，也令空间色彩显得更加稳定。

主卫与卧室之间的分隔，依然沿用了推拉门的形式，非常节省空间，也使空间设计显得整体性很强。

别具玄机的小家具体现出设计创意

与主卧相连的衣帽间在设计时十分用心，充分利用了墙面空间。角落处的小体量边几别具玄机，推在里面令空间显得规整，拉出来则将墙面收纳全面体现。

赵玲室内设计有限公司创始人/设计总监
吕学宇

⚠ 拆除！ **小房变大房实例破解**

双面隔墙"完胜"原有隔墙，
居室通透又艺术

户型面积： 132 平方米

户型格局： 玄关、客厅、餐厅、厨房、主卧、次卧、衣帽间、卫浴×2

主材列表： 玄关、客厅、餐厅：硅藻泥、砖墙、乳胶漆、釉面砖、石膏板、铁件、实木夹板

主卧、次卧、衣帽间：板岩、实木夹板、釉面砖、乳胶漆、石膏板

厨房、主卫、客卫：釉面砖、乳胶漆、铝扣板吊顶

★Before

✗

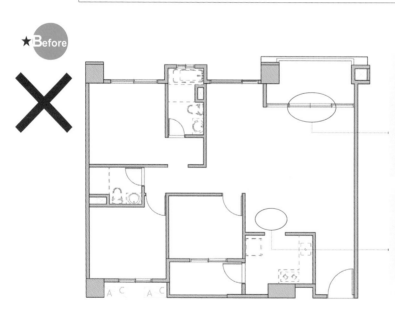

问题 1： 原户型中客厅与阳台之间有一处轻体墙分隔出的小空间，令阳光贯穿整个空间有了阻隔，并且使空间格局显得零碎、不规整。

问题 2： 原始户型的厨房外部有一处零碎空间与客餐厅相连，由于一侧接临客房墙面，一侧有厨房门，因此使用率较低。

设计师解读屋主需求

1. 屋主是一对年轻夫妻，男主人好客，设计时以 Loft 风格结合木作来表现男主人的个性。

2. 女主人希望家中既有中厨，又有西厨，可以为来客制作甜品、糕点。

3. 希望拥有较大的落地窗，可以将阳光更好地引入到室内。

方法 1：将原有隔墙拆除，形成一处大面积的
规整空间，使客厅和餐厅都有了合理的安置处，
也令阳光可以更好地满溢全室。

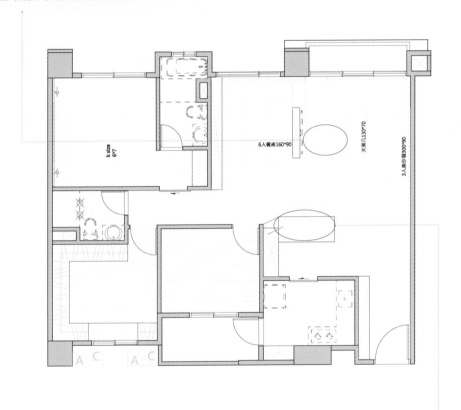

方法 2：将厨房外部的畸形空间设计为一处吧台，既利用了空
间，也使整体居室的使用功能更为丰富。

设计师说户型

原始户型的格局较为方正，不用大动干戈地拆除过多的隔墙，只需根据居住者的需求，
将阳台与客厅之间的隔墙拆除，形成规整的空间即可。另外，可以结合原有户型，巧
妙利用畸零空间，增加空间中的实用功能。

设计要点

◎**空间配色：**空间中的配色主要由白色和浅木色构成，形成了温馨、整洁的空间氛围。同时，运用黑色，少量低明度的黄色、绿色和红色作为点缀，使空间配色具有了层次感与多样性。

◎**软装搭配：**选用了线条柔和的小体量家具，与整体空间温馨的基调相吻合，且不会占用过多空间。灯具的选择相对前卫，在一定程度上体现了 loft 风格的工业感，但却丝毫不会打破空间原有的基调。

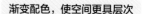
渐变配色，使空间更具层次

　　拆除隔墙，将客厅与餐厅串连，格局变得大方，且视野开阔度也更好。配色上，吊顶运用深灰漆面，客厅主墙为浅灰，到地面则为白色调，渐变效果形成了良好的视觉层次。

双面通透的文化石电视墙取代原有隔墙，并在背墙加上木作层板，赋予其展示与收纳机能，也成为了餐厅的主题墙面。

以铁件与木作结合，规划出整体的展示书墙，使餐厅变为多功能空间，既可以是临时书房，也可以是待客餐厅。

吧台结合屋主喜好设计，同时兼具装饰效果

吧台为内缩斜角设计，令乘坐者得到更舒适的体验；同时在吧台下方融合菱格酒柜作为红酒收藏处，既满足男主人收藏的爱好，又兼具了很好的视觉效果。

集美观与实用为一体的吧台，使设计手法升温

吧台以黑色光亮材质作台面，结合木作设计，材质与色彩均具有对比，使设计手法升温。同时，吧台也满足了女主人日常烘焙的需求，可谓集美观与实用为一体。

主卧着重在细节的表现，以简约取胜，床头对称的拼贴木板及拼贴岩板丰富了主卧的视觉层次；而深色调的床品则为空间增添宁静的氛围。

以简约取胜的主卧着重细节设计

玄关与整体空间设计形成良好的互融性

通往客厅的玄关，鞋柜与餐厅书墙保持了统一的设计手法；同时，黑色铁件也与客厅的黑色铁管灯饰形成了互融。

拆除！小房变大房实例破解

方形客厅变圆形，
隔墙拆除创造艺术格局

硕瀚设计 / 杨铭斌设计事业有限公司
创始人、总设计师

杨铭斌

户型面积： 132 平方米

户型格局： 玄关、客厅、餐厅、厨房、主卧、客卧、衣帽间、卫浴 ×2

主材列表： 玄关、客厅：乳胶漆、强化复合地板、爵士白大理石、石膏板

主卧、客卧、衣帽间：乳胶漆、强化复合地板、石膏板

餐厅、厨房、主卫、客卫：强化复合地板、乳胶漆、釉面砖、清玻璃

★**B**efore

✕

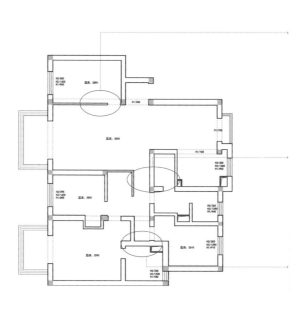

问题 1： 原户型客厅面积狭小，无法满足居住者打造个性电视墙的需求。

问题 2： 原户型中的隔墙过多，造成很多狭小和狭长空间，令空间的使用率大大降低。

问题 3： 原主卧的空间面积有限，无法满足居住者既想要衣帽间、又想要主卫的需求。

设计师解读屋主需求

1.屋主希望居住空间简洁中不失创意设计，体现出干净的氛围。

2.希望在主卧中同时拥有洗浴空间及更衣空间。

3.希望增加收纳空间，可以还原空间的整洁面貌。

方法 1：将原有客厅与次卧之间的隔墙拆除，规划出一个圆形客厅，同时满足了居住者想要一面独特电视墙的需求。

方法 2：拆除原户型中的过多隔墙，重新划分空间。增大了客卧面积，整合餐厨，同时设计出一处收纳空间。

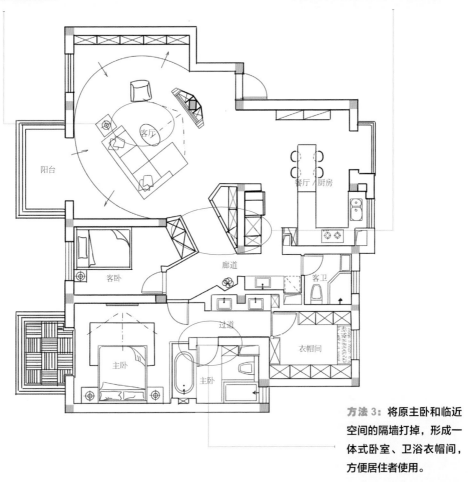

阳台

客厅

餐厅／厨房

客卧

廊道

客卫

过道

衣帽间

主卧

主卧

方法 3：将原主卧和临近空间的隔墙打掉，形成一体式卧室、卫浴衣帽间，方便居住者使用。

设计师说户型

原始户型中的空间非常多，但由于过多的隔墙设计，导致了很多空间的面积均不大，使用起来极为不便。在改造时，大胆拆除隔墙，有效将小面积空间及畸零空间进行合并，打造出大客厅、功能齐全的主卧等。

设计要点

◎**空间配色**：空间中的墙面及顶面均为白色系，地面采用木地板，这样上轻下重的配色，避免空间头重脚轻现象的出现。同时，利用黑色、灰色和棕色进行色彩调配，使空间配色更具有层次感。另外，主卧阳台中黄色茶几、绿色沙发的运用，则为空间增加了亮色。

◎**软装搭配**：空间中的家具不多，但无论在材质还是造型上，大多都具有设计感，符合居住者对艺术化设计的需求。装饰品的选择以绿植花卉居多，增添空间的清新感。

圆形客厅打破传统方正格局

　　类似圆形的客厅极具设计感，打破方正格局的传统印象，令整个空间充满了线条的变化，同时也满足居住者对空间设计的创意需求。

造型电视墙同时拥有实用功能

电视背景墙不仅在造型上别出心裁,同时还具备了书架的功能,令家中的藏书有了安身之处,同时也令电视背景墙的功能更加丰富。

大面积收纳柜满足空间的收纳功能

利用客厅的一侧墙面打造整面的收纳柜,大大增加了空间中的收纳功能。同时,错落有致的线条也成为家居墙面的独特装饰。

大理石台面的餐桌极具质感，与木地板一刚一柔的材质，极具视
觉冲击；而临近厨房的设计，则方便了日常使用。

**大理石餐桌与木地板形成刚
柔并济的视觉冲击**

在主卧中增加沐浴功
能，令居住者洗漱完毕，
直接进入睡眠环境，动线
十分顺畅。大浴缸的运用
则为居住者提供了休闲泡
澡的条件。

**主卧增加沐浴功能，令空
间动线更顺畅**

亮色调的加入令空间配色更加丰富

在阳台上摆放绿色座椅及黄色茶
几，为整体空间素雅的配色中增添了
一抹亮色，使空间配色显得更加丰富。

对称布局的卧室令视觉平衡感更强，也令空间看起来整齐而干净。
黑白灰三色的合理搭配，使整个空间显得理性感十足。

**对称布局带来素净的空间
环境**

重组！少房变多房实例破解

移隔墙，巧借空间，
迎合居住者个性需求

户型面积： 128 平方米

户型格局： 玄关、客厅、餐厅、厨房、书房、主卧、儿童房、衣帽间、卫浴 ×2

主材列表： 玄关、客厅、餐厅：木线、软包、拼花实木地板、意大利灰云石、亮面黑钛金、壁布

　　　　　　主卧、衣帽间、儿童房、书房：拼花实木地板、壁纸、软包、石膏板、织锦、复合地板、手绘墙

　　　　　　厨房、主卫、客卫：仿古砖、金属、釉面砖、装饰玻璃、石膏板、大理石壁砖

南京邦雷装饰设计工程公司 & 李海明
室内空间设计工作室创办人
李海明

★**Before**

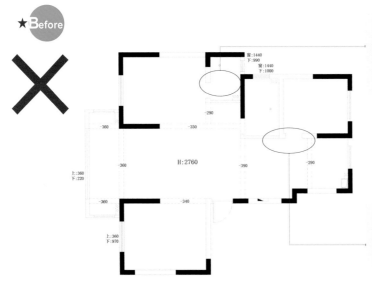

问题 1： 原主卧中的卫浴面积较大，衣帽间的面积较小，而居住者对衣帽间的需求更多。

问题 2： 原户型中厨房的面积较小，较难满足居住者对 U 形大厨房的需求。

设计师解读屋主需求

1. 居住者希望拥有一个华贵而不失优雅的家居格调，因此在风格上选择了新古典风格。
2. 主卫不需要沐浴的地方，希望可以扩大衣帽间的使用面积。
3. 希望增大厨房的使用面积，可以完成经典的三角动线设计。

方法 1: 拆除卫浴与衣帽间的隔墙,将空间
重新划分,把较大的使用面积留给了衣帽间。

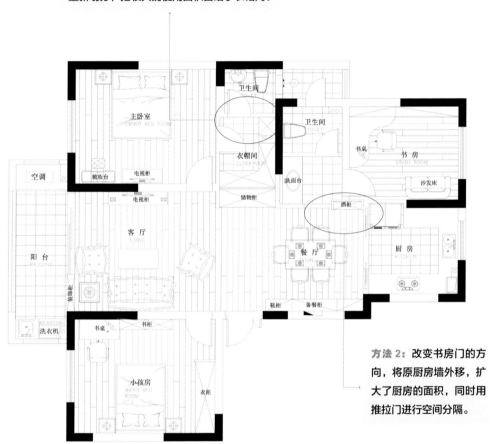

方法 2: 改变书房门的方
向,将原厨房墙外移,扩
大了厨房的面积,同时用
推拉门进行空间分隔。

设计师说户型

  原始空间的格局十分方正,每个空间的面积预留大多也较为合理。因此,在改造时,根据居住者的需求稍作调整即可。如将主卫的一部分空间划分给衣帽间,可以方便女业主对家中的衣物进行整理;而改变书房门的方向,不仅使厨房空间增大,也令书房布置更加便捷。

设计要点

◎**空间配色：**空间配色大量运用了金黄色，体现出尊贵、华丽的视觉空间。客厅、餐厅及卧室运用蓝色、紫色作为点缀色，令家居配色形成对比，极具视觉冲击力。

◎**软装搭配：**家具选用与新古典风格的诉求相吻合，大量使用了猫脚家具，使空间看起来十分灵动。织锦布艺的运用将新古典主义的精美展现得恰到好处，而水晶吊灯的运用则华丽感十足，为居室增添唯美、浪漫气息。

各式材料搭配令客厅更显华贵

客厅墙面大面积使用意大利灰的云石，搭配蓝色绒面软包处理，使得整个空间显得华贵、炫目。而拼花实木地板的使用给整个空间添加了一分优雅，中和了黑灰色系的冷艳。

　　沙发背景墙运用兽皮纹理的壁布搭配艺术装饰画，使空间氛围更
具古典气息。木线菱形格的吊顶，其几何形状使空间顶面的视觉效果
更具层次。

**兽皮纹理的壁布令空间更具
古典气息**

**装饰酒柜集收纳和展示功
能于一体**

　　在餐厅的一侧摆放酒
柜，不仅可以将家中的藏
酒进行收纳，而且还具有
展示功能。雕花餐桌椅的
使用，将新古典的品质感
展露无遗。

卧室配色十分艳丽，却不媚俗。整体空间的金色调沿用了大空间的主色，紫色窗帘及蓝色软包的运用令空间的色彩更加靓丽。

艳丽而不媚俗的卧室配色

清爽的儿童房配色显得更加柔和

儿童房的配色相较于主卧显得清爽许多，降低饱和度的绿色与紫色看起来更加柔和，符合儿童对色彩的需求。

光亮的釉面砖有提升空间亮度的功用

厨房大量运用光亮的釉面砖，提升了整个空间的亮度，同时，为整体空间带来了干净的配色效果。

洗手台面为客卫带来良好的干湿分区

小体量器具避免空间显得狭小、拥挤

将洗手台设置在客卫之外，形成良好的干湿分区，使用起来更加便捷。精美雕花卫浴柜与大理石墙地砖形成材质上的对比，空间更具层次。

缩小面积的主卫虽然空间不大，但洗漱区与如厕区的分区合理，小体量的卫浴柜与坐便器丝毫不会令空间显得狭小、拥挤。

! **重组！少房变多房实例破解**

重塑空间格局，增加功能区域，两居成功变四居

户型面积： 38 平方米

户型格局： 客厅、餐厅兼厨房、主卧、客卧兼茶室、次卧、儿童房、卫浴

主材列表： 客厅、客卧兼茶室：水性漆、石塑地板、欧松板、实木集成材

餐厅兼厨房、卫浴：水性漆、实木集成材、白砖墙、石塑地板、釉面砖、花砖

主卧、次卧、儿童房：水性漆、白砖墙、石塑地板、欧松板、PVC编织地毯

唯木空间设计创始人 / 设计总监
程晖

★**B**efore

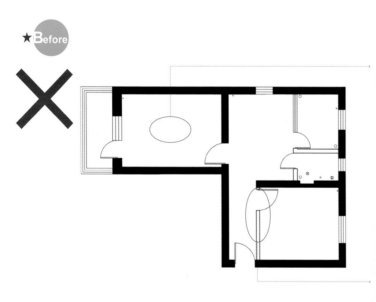

问题 1： 原户型中唯一一处方正且面积相对较大的空间，可以利用这一处空间分隔出两个功能区域，来增加居室的使用功能。

问题 2： 原户型的面积本来就很狭小，入门处还有一段狭长的过道，造成了很大的空间浪费，而且还影响居室的采光。

设计师**解读屋主需求**

1. 原有的两居室想要改造成四居室，供一家七口人居住。

2. 希望拥有明亮的家居空间，使小居室看起来不显压抑。

3. 希望卫浴干湿分离，可以将洗漱区和沐浴区做到很好的区分。

方法 **1**: 将原有大空间分隔成主卧和儿童房,增加了原有居室的使用功能。同时,主卧依然可以摆放大衣柜,丝毫不影响收纳。

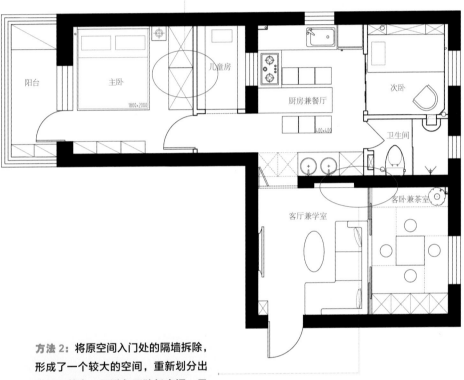

方法 **2**: 将原空间入门处的隔墙拆除,形成了一个较大的空间,重新划分出客厅和茶室,既避免了狭长空间,又令居室增加了一处功能区域。

设计师**说户型**

原始户型不仅面积较小,并且光线晦暗,功能混乱;且屋主希望将原始两居改造成四居室,增加功能空间。因此,在改造时,通过将原始空间格局重新划分、把大空间合理分隔成两个小空间等手法,来满足居住者的需求。

设计要点

◎**空间配色：** 空间中大量使用了静谧蓝、水晶粉、姜黄色、墨绿色，并将这些色彩整体提高灰度，使每个色彩都不会特别跳跃，饱和度低的色彩看久了也不会感到厌烦。同时，房间视觉上感觉扩大的秘密也在这里，深色会增加纵深感，让平面看起来更立体。

◎**软装搭配：** 由于空间有限，因此家具用量小，且造型都较为简洁。在灯具和装饰画的选择上较为用心，独特的设计感使居室的艺术化特征得到凸显。

巧妙的立方体墙画具有增加空间景深的作用

多功能家具非常适用于小户型家居

进门处近乎零利用率的过道被拆掉后，客厅空间瞬间变大许多。同时，客厅墙面上的立方体设计，具有增加空间景深的作用，在视觉上可以放大空间。

蓝色的电视背景墙和红色的电视柜形成色彩上的对比，令人眼前一亮。另外，电视柜其实是由五个正方形的小凳子组合而成，多重的使用功能非常适合小户型的居室。

推拉门将大空间分割为两个功能区域

用推拉门将一个大空间平均分割，一半客厅一半茶室，白天开门可为客厅采光，晚上关门便成为一个独立的空间。

集茶室与客卧于一体的多功能居室

大衣柜和地台满足了家居中的收纳功能

茶桌内设有电动调节装置，下降时可与地面形成平整空间，做一间独立卧室使用。而在此新增的地暖有效改善了房屋供暖不足的问题。

空间的面积虽小，但也不能少了收纳空间。无论是大衣柜，还是地台，都拥有着强大的收纳功能，满足居住者的收纳需求。

运用镜子和重塑空间的手法，扩大居室面积

将厨房和餐厅结合起来设计，同时融入原有的过道，令空间的使用率大大提升。另外，镜子的加入，也在一定程度上起到了放大空间视觉面积的作用。

隐藏式集成灶为厨房节省了不少的空间，而灶台上端的圆形为单向玻璃，在保证隐私的前提下，又为临近的儿童房增加了采光。

隐藏式集成灶既干净，又节省空间

欧松板独特的花纹具有一定的装饰性

主卧中的电视柜和阳台上的猫舍同样运用欧松板来制作，形成了材质上的统一，独特的花纹纹理还具有一定的装饰性。

沉稳的配色具有镇定精神的作用

主卧的背景墙是用 PVC 编织地毯切割拼成，增加了空间立体感。因为是两位老人居住，色调以灰白色为主，此配色具有一定的镇定精神及助眠的作用。

干湿分离的卫浴好用又干净

改造后的卫浴不仅实现了干湿分离，在视觉上也变大了很多。同时，蓝白配色也令小空间显得通透而明亮。

隐藏式家具设计可以大大节省家居空间

次卧表面上看虽然为一个单人床，但是床铺下还设有随时可拉出的简易单人床，空间虽小，却能容纳两人居住，完成业主提出的 7 口之家的睡眠需求。

! **重组！少房变多房实例破解**

拆分空间增加储物区，
居室收纳功能强大又整洁

户型面积： 126 平方米

户型格局： 客厅、餐厅、厨房、主卧、儿童房、书房、杂物间、儿童休闲区、衣帽间、卫浴

主材列表： 玄关、客厅、餐厅：仿古砖、护墙板、乳胶漆、马赛克、装饰线板

主卧、儿童房、衣帽间：壁纸、实木复合地板、乳胶漆、装饰线板

书房、杂物间、儿童休闲区：乳胶漆、护墙板、地毯、仿古砖、石膏板

厨房、卫浴：釉面砖、铝扣板、钢化玻璃、花砖

武汉桃弥设计工作室设计总监
李文彬

★Before

✕

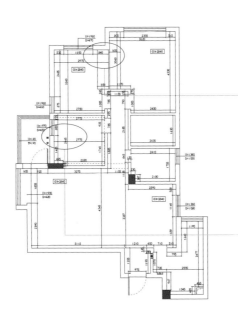

问题1： 原户型中的主卧面积虽然已经足够大，但满足女主人既想要梳妆台，又想要衣帽间的需求，难度较大。

问题2： 原户型中的次卧区域面积较大，居住者想将此空间进行分隔，形成更多的功能空间。

设计师解读屋主需求

1. 屋主希望家居空间充满艺术气息，既有浪漫的欧式元素，又不要显得过于繁杂。

2. 屋主希望在居室中增加更多的储物功能，满足家中杂物的收纳需求。

3. 希望给家中的宝宝留出一个专门的玩耍区域，并能将玩具进行合理收纳。

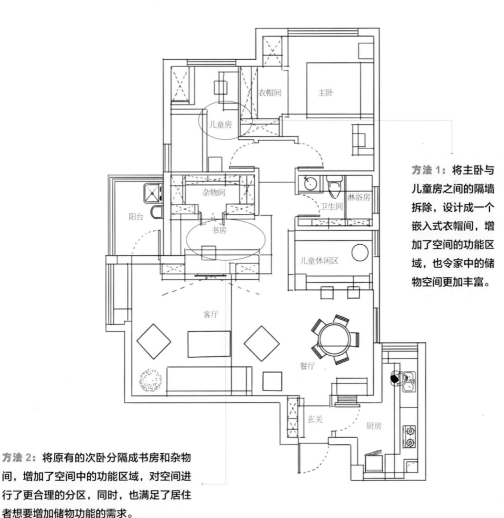

方法1: 将主卧与儿童房之间的隔墙拆除,设计成一个嵌入式衣帽间,增加了空间的功能区域,也令家中的储物空间更加丰富。

方法2: 将原有的次卧分隔成书房和杂物间,增加了空间中的功能区域,对空间进行了更合理的分区,同时,也满足了居住者想要增加储物功能的需求。

设计师**说户型**

原始户型格局方正,面积足够大,空间分区也较为明确。在改造时,业主希望拥有足够的储物空间。由于家中极少有客人来住,因此将原有次卧分隔成书房和杂物间,令家中杂物有了专门的存放地。另外,在主卧中增设衣帽间,满足了女主人收纳衣物的需求。

设计要点

◎**空间配色**：空间配色大胆，颠覆传统观念，大面积紫色调为家居空间蒙上一丝神秘气息。孔雀蓝、湖蓝色、深绿色以及黑色的点缀使用，令空间质感更加深厚。为了避免浓重配色带来的压抑，白色与灰色的调节运用，功不可没。

◎**软装搭配**：家具的造型极具艺术化特征，如雕花精美的沙发、猫脚座椅、几何形状的坐墩等，搭配随处出现的赫本装饰画以及造型灯具，整个空间的软装极具品位。

半隔断电视墙形成互通性极强的家居环境

客厅中的电视墙没有做全封闭处理，而是将其设计为半隔断，形成不同空间的互通性，也使家居环境显得更为开阔。而两侧的柜子则增加了空间中的储物功能。

　　客厅配色较跳跃，带给人强烈的视觉冲击力。装饰上也十分具有特色，沙发墙上的赫本黑白装饰画优雅而复古，而像抱枕、地毯、家具等软装同样极具艺术感。

艺术化的软装令家居氛围冲击感十足

利用黑板和吊灯增加居室的艺术效果

餐厅背景墙刷了整面墙的黑板漆，在上面绘制了一些英文字母，极具艺术感；同时也可以成为家中孩子的绘画场所。餐厅吊灯同样具有装饰性，漫画图案令家居充满趣味性。

半隔断吧台有效分隔空间的同时，又很实用

餐厅与儿童活动区之间运用半隔断的吧台进行空间分隔，既增加了空间的实用性，为平时夫妻二人或朋友小聚提供了品酒、聊天的地方，又避免了全隔断墙带来的空间压抑感。

儿童区设计既要好清洁，又要储物功能强大

跳跃色彩＋白色调，中和出绚丽而不刺眼的厨房

　　儿童区的墙面包裹了护墙板，避免孩子在此涂鸦，不好清洁；大量的抽屉中塞满了孩子的各种玩具，随处满足女主人的储物需求。

　　厨房色彩沿用客厅跳跃的色彩，蓝色系墙面极具视觉冲击力，炊具也用了饱和度较高的色彩，为避免颜色过于抢眼，采用大量白色调进行中和。

合适的软装搭配令居室散发
出摩登古典气息

主卧没有特地做背景墙，紫底大花壁纸足以渲染出一面夺人眼目的背景墙，搭配金属色台灯与吊灯，空间顿时散发出浓郁的摩登古典气息。此外，床头抱枕沿用赫本元素，复古又优雅。

海洋般的蓝色空间迎
合了儿童的心理

儿童房运用大面积的蓝色涂刷墙面，营造出仿若海洋世界的空间，迎合了家中小孩子的心理。少量而实用的家具，则减少了儿童在空间中磕碰的概率。

白色调＋钢化玻璃，塑造出通透、明亮的卫浴

卫浴色彩一改主空间绚丽的基调，设计得十分清爽，令小面积的卫浴也不显逼仄；钢化玻璃推拉门的运用，则令卫浴空间显得通透、明亮。

宽大的书桌台面，两人同时工作也不拥挤

电视背景墙后是半个次卧隔出的书房，面积虽小，但功能充足，大面积嵌入式柜体增加空间储物量；悬空抽屉书桌既节省空间，又拥有宽敞台面，两人同时在此工作，也不会觉得拥挤。

重组！少房变多房实例破解

重置复式格局，私人空间、公共空间分区更合理

黄巢设计工务店创办人 / 首席设计师
黄建华、黄建伟、戴小芹

户型面积： 100 平方米

户型格局： 客厅、餐厅、厨房、主卧、客卧、儿童房、书房、卫浴、楼梯间

主材列表： 客厅、餐厅、厨房：乳胶漆、硅藻泥、仿古地砖、红砖文化砖、松木实木

主、客卧室、儿童房及书房：乳胶漆、仿古地砖、实木地板

卫浴、楼梯间：铝扣板吊顶、强化地板、硅藻泥、锻铁、釉面墙地砖

★**B**efore

一层　　　　　二层

问题 2： 原有衣帽间的使用率达不到居住者的需求。

问题 3： 原户型中的次卧和休闲空间，占用了过多的空间面积，居住者希望对此整合。

问题 1： 原户型中的餐厅临近楼梯，造成楼梯下部畸零空间的浪费。

设计师解读屋主需求

1. 屋主希望家居环境呈现出南法风情，拥有明亮的配色及光线。

2. 希望家居中的分区更加明晰，最好能把公共区域和私人区域分隔开来。

3. 希望拥有一个独立书房，且两个女儿的房间不要分隔太远。

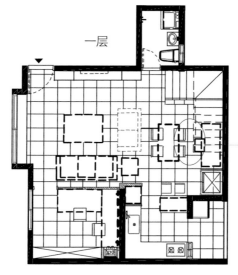

一层

方法 **1**：餐桌椅向客厅方向移动，楼梯下部空间安放钢琴，居室中畸零空间得到利用。

方法 **2**：原有衣帽间增加木质隔断，分隔出一处独立的换衣空间；同时作为与主卧的隔断，令各空间的分区更加独立。

方法 **3**：将原有卧室、休闲区进行合并，打造出一个温馨的儿童房。

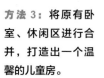

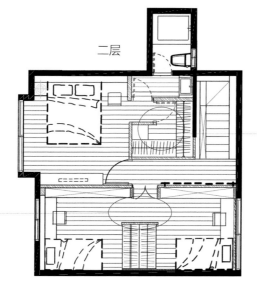

二层

设计师**说户型**

　　这是一个复式的旧屋翻修案例，设计时采取格局重置的作法，把私人空间（主卧室、主卫、衣帽间、儿童房）设定在楼上，公共空间（客厅、餐厅、厨房、书房、客卫）设定在楼下，如此一来，令私人空间及公共空间分区更加明晰。

设计要点

◎**空间配色：**配色大面积使用鲜艳的黄色系，令整个家居空间充满温暖的感觉。其间，红色砖墙的出现既丰富了色彩，比邻色的运用，又与黄色系搭配和谐。

◎**软装搭配：**由于家居风格定位为乡村风，因此家具的材质基本为布艺和木材，带有温暖度的材质与空间风格相吻合。另外，大量条纹、碎花等布艺的运用，在图案上也与乡村风格相协调。

红砖地台为居室带来与众不同地视觉效果

　　电视背景墙没有任何家具，仅用红砖砌出地台，放置音响设备及装饰，施工简单，又为家居环境增添了与众不同的视觉效果。

充满南法风情的居室没有做过多实体墙的分隔，仅在沙发后设计一处充满田园风情的木质隔断来分隔客厅与书房。整个空间面积虽然不大，却显得十分通透、明亮。

开放式格局令空间更通透

一举多用的飘窗卧榻，使用功能强大

客厅中设计了窗台卧榻，除了可作为收纳柜使用外，客人过多时也可当作椅子使用，兼顾了美感与实用，并且降低了预算。

餐厅连接着厨房吧台，不仅可以作为平时品酒小酌之地，而且还能作为备餐台，或者菜品过多时，用作临时的餐边桌。小小的吧台设计让这个小空间也能有多功能的使用方式。

厨房吧台令小空间拥有多功能的使用方式

**利用收纳柜来做床头
背景墙，非常省预算**

　　主卧背景墙没
有做过多的装饰与造
型，而是打造了整个
墙面的收纳柜，十分
实用，并且还省去了
做主题墙的费用。

　　与客厅连接的书房，设计了大量的收纳柜。这样的设计充分利用了
墙面空间，既能满足收纳，又可以将书籍、装饰品等物进行分门别类的
展示。

**大面积书房装饰柜集收纳
与展示功能于一体**

粉色系墙面营造浪漫、唯美的童话空间

女儿房的墙面使用浪漫色系的粉红色，轻易就能表达出小女儿天真浪漫的个性；而墙面上挂着的小主人心爱的装饰物，足以满足童年的所有幻想。

利用家具做隔断，简单又实用

在有限的卧室空间中设置出2个儿童房，手法为使用衣柜来区隔空间。整面的大书柜及收纳柜，令空间使用更加便利、实用。

干湿分离的卫浴既省钱又方便

洗漱区与沐浴区做了干湿分离，并用色彩来形成鲜明对比，沐浴区的色彩清冷，洗漱区的色彩温暖，对比色彩带来视觉上的冲击。

在楼梯的设计上采用松木当作踏面并刷上环保木器漆，白色批土造型墙当作扶手及小饰品摆饰区，这样的设计集实用与装饰于一体。

集实用与装饰于一体的楼梯造型墙

! 重组！少房变多房实例破解

合理分隔大面积区域，
令空间使用更有效

隐巷设计与 XWD 集团创始人
黄士华

户型面积： 40 平方米

户型格局： 玄关、客厅、餐厅、厨房、卧室、卫浴

主材列表： 客厅、餐厅、卧室：水泥板模墙、白色烤漆板、爵士白大理石、强化
复合地板、木纹饰面板

玄关、厨房、卫浴：灰色板岩砖、乳胶漆、釉面砖、清玻璃

★Before

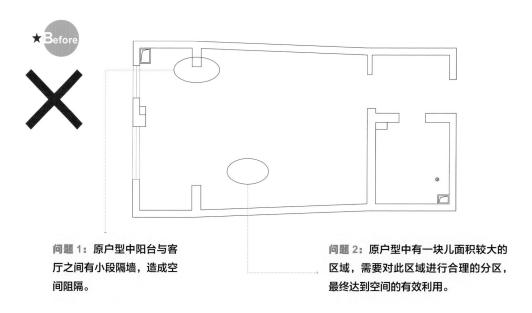

问题 1： 原户型中阳台与客厅之间有小段隔墙，造成空间阻隔。

问题 2： 原户型中有一块儿面积较大的区域，需要对此区域进行合理的分区，最终达到空间的有效利用。

设计师解读屋主需求

1. 单身的女屋主希望居住的空间呈现出干净、整洁的面貌。

2. 希望可以合理划分出基本的功能区域，并且拥有光线充足的客厅和卧室。

3. 希望拥有完备的储物功能，令家中的衣物、杂物等得到完美收纳。

方法1：将原有阳台的一部分作为厨房，并借助原有阳台小段隔墙，制作一个斜角推门，不需大量动工，就将区域合理划分。

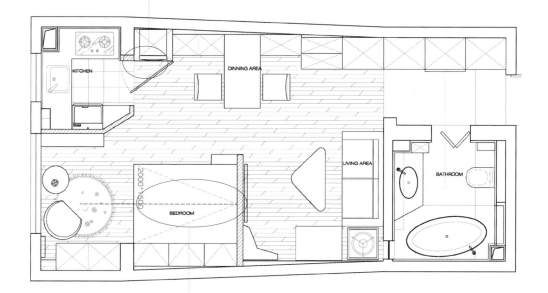

方法2：将原大块儿空间划分出卧室、餐厅客厅区域。同时利用半隔断电视墙区分客厅与卧室，既有分隔，又不影响光线的贯通。

设计师说户型

原户型开敞、通透，并没有过多的格局问题，只需根据户型面积，合理划分出基本的功能区域即可。但由于原户型并非是方正户型，因此在设计时，尽量用柜体来拉直户型平面，同时也增大空间的收纳功能。

设计要点

◎**空间配色：**整个空间以轻浅的白与灰来作为主要配色，符合住居者追求干净、整洁氛围的调性。其间运用蓝色和木色进行点缀，既温馨、清爽，又不会令整体配色显得杂乱。

◎**软装搭配：**空间中的家具不多，造型也较为简洁，但材质上却并不单一。除了常见的木质与布艺家具之外，还利用大理石＋铁艺的餐桌、铁艺茶几来形成材质对比，塑造出极具现代感的居室。此外，各种类型的装饰画，也是家居中亮人眼目的装饰。

活泼的跳色处理丰富了空间配色

进门以小玄关拉开大门至居家的距离，沿着走道设计的开放或密闭的柜体，直至餐厅、客厅。在配色上以木色、白、蓝的活泼跳色处理，令色彩丰富而有层次，符合屋主年轻的气息。

客厅与卧室之间以低台度的电视墙进行分隔，使光线从阳台到卧室、再到客厅都得到无阻隔的贯通。另外，开放式规划令屋主不管在哪个角落，都拥有纵览全屋的视角。

半隔断电视墙令光线穿透无阻隔

不同的墙面色彩成为界定空间的象征

客厅的沙发墙运用水泥板模墙塑造，极具现代气息；另外一侧的白色墙面与木色墙面成为界定空间的象征，令客厅与卧室形成完美分区。

抽象装饰画成为餐厅中的吸睛装饰

餐厅中最抢人视线的装饰为高跟鞋抽象装饰画，无论是色彩，还是题材，都非常符合都市新女性的喜好。另外，与餐桌相连设计的木隔板，为空间的装饰功能更添一分力量。

温馨材质搭配吊带裙装饰画，体现出女性特征

卧室墙面为温馨感十足的木纹饰面，搭配吊带裙装饰画，体现出强烈的女性特征。另外，利用窗前空余空间辟设出一个可赏景的阅读角落，令空间功能更为丰富。

合理的三角动线令烹饪变得更便捷

　　厨房的面积不大，但 U 形设计令空间使用率大大提升。洗涤区、备菜区、烹饪区一应俱全，完美的三角动线令烹饪时光变得更加便捷。

　　挖空小块墙面嵌入引光的清玻璃，令居住者可以随时看见屋内的状况；另外，大浴缸的设置，可以使主人安享泡澡乐趣。

引光清玻璃带来通透的视觉环境

重组！ **少房变多房实例破解**

细化户型功能分区，
令基本功能空间都完备

户型面积： 50 平方米

户型格局： 玄关多功能厅、厨房、卧室、会客区、卫浴

主材列表： 玄关、多功能厅：锈蚀黑铁板、白砖墙、强化复合地板、乳胶漆

卧室、会客区：强化复合地板、乳胶漆、烤漆玻璃

厨房、卫浴：强化复合地板、白砖墙、釉面砖、清玻璃

隐巷设计顾问有限公司创始人 / 设计师
袁筱媛、孟羿彣、黄士华

★**B**efore

问题 3： 复式二层的空间没有做任何功能分区，过大的空间如果设计不合理，很容易造成空间使用率过低的现象。

问题 1： 原一楼空间的面积充裕，居住者希望可以在此做功能分区。

问题 2： 原户型的卫浴为长方形，没有过多格局问题；屋主希望改变造型，避免尖锐感。

设计师解读屋主需求

1. 屋主希望拥有一个能体现出现代、简约设计理念的居室，注重实用功能。

2. 屋主对于工作区域的要求较高，希望结合工作式的家概念来对居室进行设计。

3. 在不大的居住空间中，需保留住家的基本功能，如厨房、起居、卧室等。

方法 1：一层空间没有作为客厅，而是设计成一个工作区，方便屋主平时工作；临近阳台的地方摆放小桌子，可以作为餐桌使用。

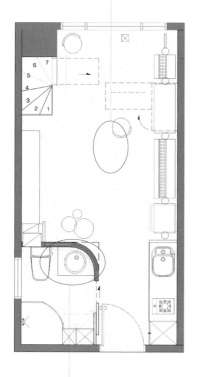

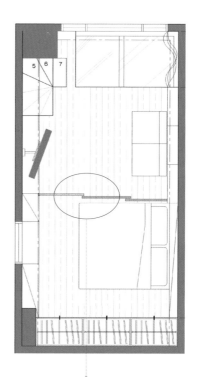

方法 2：将原有方正的卫浴，调整成一侧为圆弧形的空间，避免了尖角格局的出现，令空间格局看起来更加柔和。

方法 3：用一个折叠门来对二层的大空间做分区，一面为卧室，一面为会客厅。合理的分区，令空间的使用率得以提升。

设计师**说户型**

3.6 米挑高的复式宅，原始户型中没有对空间进行过多分区，方正的户型对于设计来说也并不困难。在设计时，结合屋主的需求，将一层较大的区域设计为工作区，并改变卫浴形态，使格局更加柔和；二层规划出卧室和会客区，令功能分区一目了然。

设计要点

◎**空间配色：**空间大面积配色为白色，同时加入适量的棕褐色、黑色作为调剂，这些色彩均具有理性感，适合都市化居室的氛围。虽然空间中也有少量红色、蓝色、粉色等出现，但低明度的色彩并不会影响整体配色的主调。

◎**软装搭配：**空间中的家具不多，且皆为小体量，符合都市型家居的诉求。其他装饰也都小巧、精致，不会过多占用空间，且具有童趣特征，令居室更显活泼。

活动式桌椅令空间更具弹性

工作区的桌椅为活动组合，可依据需求重新摆设，弹性使用；墙面使用了锈蚀黑铁板材料，除利用磁铁作为展示、工作计划用之外，也能体现出都市特征。

工作区通往二楼的楼梯，设计成堆栈半开放柜的形式，既具有收纳功能，独特的造型也令空间更具视觉变化。

独特设计的楼梯使空间具有视觉变化

小餐厅的独特设计增添空间艺术化特征

与工作区结合的餐厅区域，占地面积极小，背景墙用白板做设计，可以方便屋主随时涂鸦；餐厅一边采用吊挂不锈钢书架，不仅具有藏书功能，更是摆设之一。

"一"字形厨房非常节省空间面积

开放式厨房与玄关结合，保留了空间内部的使用面积。同时，"一"字形的厨房也是最节省空间的设计手法。

浴帘是小卫浴中最省钱的软隔断

半开放式卫浴不会影响空间的通透性

浴帘是卫浴中最省钱的软隔断。在本案设计中，浴帘结合吊顶的方形拉帘杆，围合起来的区域极具隐秘性，而拉开则令小空间的视野顿时开阔起来。

卫浴采用半开放式设计，同时用通透的黑色清玻璃与白色文化砖墙作为分隔，既具有艺术感，又不影响空间的通透性。

合理的区域划分丰富了空
间的使用能力

　　二楼是会客厅与卧房的结合，充分合理地对空间进行了划分，使空间既具有休憩功能，又具备了休闲、会客的功能，丰富了空间的使用价值。

黑板漆材质的折叠门
平添居室的趣味性

　　卧室和会客区运用折叠门进行分隔，非常节省空间；而折叠门的面材为黑板漆，令屋主可以在此随心所欲地进行涂鸦创作，为居室平添几分趣味性。

重组！ 少房变多房实例破解

半隔断巧设计，
狭长区域变身多功能空间

胭脂设计事务所创办人（设计总监）
赖小丽

户型面积： 97.8 平方米

户型格局： 玄关、客厅、餐厅兼多功能厅、厨房、主卧、次卧、儿童房、卫浴

主材列表： 玄关、客厅、餐厅兼多功能厅：仿古砖、乳胶漆、石膏板、壁纸、护墙板

主卧、次卧、儿童房：强化复合地板、乳胶漆、石膏线

厨房、卫浴：仿古砖、釉面砖、铝扣板

★**Before**

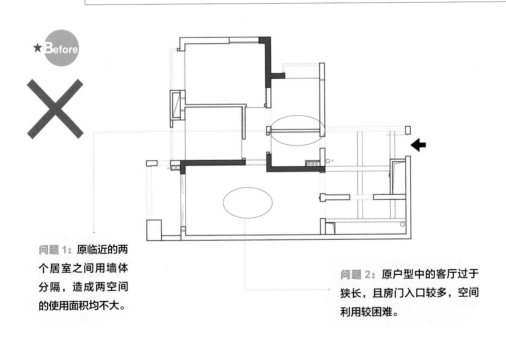

问题 1： 原临近的两个居室之间用墙体分隔，造成两空间的使用面积均不大。

问题 2： 原户型中的客厅过于狭长，且房门入口较多，空间利用较困难。

设计师解读屋主需求

1. 屋主希望居室呈现出温暖的乡村风，但色彩不要过于浓重。

2. 希望扩大儿童房的面积，并将学习功能纳入其中。

3. 希望拥有合理的动静分区，不要相互交叉。

方法 1：拆除两个居室的隔墙，形成一个面积较大的儿童房。不仅有储物空间，也有学习空间；同时，榻榻米设计更是增加了储物功能。

主人房

次卧

儿童房

卫生间

过道

阳台

客厅

餐厅兼多功能区

厨房

方法 2：拆除原厨房的部分隔墙，将原有狭长的客厅一分为二，既有客厅空间，也有餐厅空间，使居室的功能更加丰富。

设计师说户型

原户型的格局较为规整，大部分空间均有良好的采光，只有厨房离采光源较远。因此，在改造时拆除部分厨房隔墙，使客厅阳台的光线可以更好地抵达厨房。另外，居住者希望可以将空间动静分区，因此把客厅、餐厅、厨房这些动区放在一侧，避免和卧室等静区交叉。

设计要点

◎**空间配色**：居住者希望居室为乡村风，但又不要浓重的配色，因此选择了浅色系的墙面和吊顶，而在地面使用仿古砖来奠定风格特征。

◎**软装搭配**：布艺沙发的选用非常符合乡村风的诉求，搭配木质相框的装饰画，温馨感十足。造型优雅的铁艺灯以及花色丰富的台灯，令乡村风得到更好的渲染。空间中的装饰虽多，但由于摆放合理，丝毫不显杂乱，却为居室更添品位。

护墙板和线条设计令背景墙的层次多样化

沙发背景墙采用护墙板和线条造型设计，令客厅背景墙的层次更加多样化；布艺沙发搭配棉麻地毯，更添居室的温暖感。

仿古砖在色彩上奠定了乡村风的基调

大面积的仿古砖在色彩上奠定了乡村风格的基调，也令空间配色更加稳重；同时，菱形块的花纹具有扩大空间的视觉效果，化解了空间狭长的弊端。

升降桌的设计令空间的实用功能更丰富

餐桌设计成升降式，需要时可以升起来当餐厅使用；不需要的时候，可以降下来作为榻榻米，作为客人临时居住或小孩玩耍的活动空间。

吧台设计为居室增添了收纳空间

将原来厨房门的位置设计为温馨的吧台，为生活增添几分浪漫气息，同时增加了收纳空间。靠近吧台处还可以摆放双门冰箱，充分利用了空间。

儿童房中的榻榻米睡床兼具多重功能

儿童房的休憩空间设计为榻榻米，兼具睡眠与收纳功能；同时与飘窗相连，为家中的儿童增加了活动空间。

改变厨房入门方向，增加空间采光

功能丰富的儿童房满足居住者多重需求

厨房门改到过道上，增加进门过道的舒适性，避免狭长过道带来的压抑感；同时结合透明玻璃门，把光线引进，增加了厨房的采光。

儿童房的进门处紧靠墙体设计了书架与衣柜，同时与书桌相连，达到了居住者希望增加儿童房学习功能的诉求。

主卧设计将实用性体现得淋漓尽致

　　主卧的设计同样体现出实用性，一侧设计为到顶衣柜，另一侧为榻榻米，增加收纳空间。另外，条纹、碎花布艺以及装饰花艺，均体现出居室的乡村风味。

　　暖色的墙砖使卫浴空间显得十分温馨，花色腰线的设计丰富了空间色彩；洗手台上方将镜子与储物柜结合设计，既有梳妆功能，又方便收纳洗漱用品。

暖色墙砖增添卫浴的温馨感

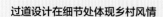

过道设计在细节处体现乡村风情

为了避免过道的狭长感，将鞋柜则隐藏在过道一侧，同时顶部用假梁装饰，与空间中的拱形造型、地面拼花砖相结合，突显出浓郁的乡村风情。

植物微景观装饰为玄关注入生机

玄关处摆放精美的台式家具，并用植物微景观进行桌面装饰，令空间显得生机十足。同时，大幅墙面装饰画也亮人眼目，避免了白色墙面的单调。

大量绿植将自然气息满溢于室

阳台专门设计了搁置绿植的架子，将自然的气息满溢于室内；一侧的洗手台设计，既增加了阳台功能，同时也方便浇花时取水。

充分利用壁面空间，使空间功能最大化

阳台凹位正好摆放洗衣机，同时利用洗衣机上方空间做了一个收纳柜，用来收纳洗涤用品，将空间利用到极致。